Andreas Maier

Moderne Stuckelemente

Moderne Stuckelemente

Andreas Maier

Neue Materialien – Gestaltung und Verarbeitung

Deutsche Verlags-Anstalt

Seite 2, Frontispiz:
Tiefenwirkung, Berufsschule für Farbe und Gestaltung,
München, Projektarbeit der Klasse MMA 10 C,
Juni 2008

FSC
Mix
Produktgruppe aus vorbildlich bewirtschafteten Wäldern, kontrollierten Herkünften und Recyclingholz oder -fasern
Zert.-Nr. GFA-COC-001575
www.fsc.org

Verlagsgruppe Random House FSC-DEU-0100
Das für dieses Buch verwendete FSC-zertifizierte
Papier Profimatt, hergestellt von Sappi, Alfeld,
liefert IGEPA group.

1. Auflage

Satz und Layout: a.visus, Michael Hempel, München
Gesetzt aus der Officina
Lithographie: Helio Repro, München
Druck und Bindung: Offizin Andersen Nexö, Leipzig
Printed in Germany
ISBN 978-3-421-03652-0

www.dva.de

Inhalt

Einführung

Moderne Stuckelemente, Gestaltung und Verarbeitung: Welche Vorteile bieten Profile aus modernen Kunststoffen gegenüber solchen aus altbewährtem Auftragsmaterial? Geht es nur um das neuartige, leichte Material, das automatisiert leicht in Formen zu gießen und kostengünstig zu produzieren ist? Oder geht es generell um die ästhetische Frage, ob industriell gefertigte Produkte aus Kunststoff für die Verarbeitung den gleichen Wert haben wie Elemente aus Kalk und Gips? Allerdings: Fahren wir heute noch mit dem Leiterwagen zur Arbeit oder mit einem perfekt ausgestatteten Werkstattwagen? Schreiben wir unsere Texte auf der Schreibmaschine oder auf dem Computer? Der Wandel der Zeit, der technische Fortschritt fordern ein Umdenken. Und Angebot und Nachfrage entscheiden über Preis und Leistung. Bauherren verlangen kostengünstige und rationelle Lösungen, ohne dass gestalterischen Aspekte vernachlässigt werden. Die Kalkulation von Bauleistungen ist wesentlicher Bestandteil der handwerklichen Tätigkeit.

Innovative Baustoffe beherrschen die heutige Architektur. Die Gebäude sind nicht mehr vom Kalksandstein mit aufwendig hergestellter Putzoberfläche geprägt. Fassaden werden mit Vollwärmeschutzsystemen bekleidet, Innenwandflächen mit Trockenbauplatten. Mitteldichte Faserplatten ersetzen die klassischen Holzoberflächen. Fensterrahmen bestehen aus Kunststoff oder Aluminium und durchgehende Fronten aus getöntem Glas. Auf Fußböden werden schwimmende Parketts verlegt, Laminat- und Sicherheitsbeläge imitieren natürliche Strukturen von Stein und Holz. Modifizierte Fliesen ersetzen Steingut und Marmor.

Sicherlich muss man zwischen der Restaurierung denkmalgeschützter Gebäude und der Gestaltung von Neubauten unterscheiden. Industriell gefertigte Profile sind nicht immer das richtige Produkt für die Wiederherstellung der Erzeugnisse alter Handwerkskunst, paradox aber ist es, auf Trockenbauwänden, die mit Kunststoffdispersionen beschichtet sind, echten Stuck zu verarbeiten. Das Gestalten mit Stuckelementen aus Kunststoff als kostengünstigem Ausgangsprodukt ist die Antwort unserer schnelllebigen Zeit auf die Frage nach zeitgemäßer konzeptioneller Raumgestaltung.

Vor etwa dreißig Jahren kamen in Deutschland die ersten industriell gefertigten Stuckprofile und Deckenrosetten aus Kunststoff auf den Markt. Die Auswahl war klein; wenige Profile und Dekorelemente aus Styropor fanden gelegentlich Verwendung, überwiegend als Akzent, Lückenfüller oder dekorativer Schnörkel beim Abschluss von Maler- und Tapeziererarbeiten. Auch als später die ersten hochwertigen Polyurethanharz-Produkte erschienen, war das Design schlicht und einfach. Eckprofile waren in nur wenigen Größen erhältlich, das Sortiment insgesamt war überschaubar. Produktangebot und Handwerker-Support hielten sich die Waage. Geeignete Werkzeuge waren rar. Die Gehrungsladen mit Winkelbegrenzung auf 45° und 90° ähnelten den Sockelleisten-Gehrungsladen, und bei den Sägen musste man sich auf handelsübliches Schreinerwerkzeug verlassen. Zwar gab es schon universelle Dispersionskleber, standen diese aber nicht zur Verfügung, griff man auf bewährte Füllstoffe zurück. Acrylate als dauerelastische Fugenschließer waren noch nicht entwickelt. Doch Design und

Angebot haben sich weiterentwickelt. Stuckprofile bieten heute ein breites Spektrum an Gestaltungsmöglichkeiten.

Die eigene Umgebung nach persönlichen Vorstellungen und Wünschen zu formen ist ein Grundbedürfnis. Doch nicht jedem ist es gegeben, seine Vorstellungen deutlich zu machen und selbstständig zu verwirklichen. Die Kunst, einem Gefühl Ausdruck zu verleihen, in Wort oder Bild, mit Form oder Farbe, gelingt nur dem, der sich mit dem entsprechenden Medium und dessen Wirkung hinreichend beschäftigt. »Möge dein Geist vor jeder Entscheidung klar wie ein Gebirgsbach sein« (Yagyu Munenori, Japan, 17. Jahrhundert). Das leuchtet ein und klingt überzeugend. In der Praxis der Wohnraumgestaltung, bei Farbwahl, Flächenaufteilung oder Formenspiel ist der Laie diesem Ideal nicht sehr nahe. Er sucht daher Rat bei Fachleuten und nützt deren professionelle Hilfe.

Im Folgenden wird, auch in Schritt-für-Schritt-Demonstrationen, gezeigt, wie mit modernen Stuckprofilen, Licht und Farbe die Wände und Decken einer beliebigen Wohnung in ein individuelles Ambiente zum Wohlfühlen für die Bewohner verwandelt werden können. Die viel zitierte Kreativität ist Weg und Werkzeug dazu – sie gründet zuallererst auf sinnvollem Ordnen. Manchmal genügt es schon, zwei, drei bekannte Elemente in einen bisher unbekannten Zusammenhang zu bringen: der gewohnte Betrachterstandpunkt ist verändert, und wir staunen und freuen uns über das Ergebnis wie über einen Zaubertrick.

Hersteller von Stuckelementen und Zierprofilen bieten uns heute mit ihren Produkten einen wundervollen Zauberkasten voll hochwertiger Bausteine zur originellen und individuellen Gestaltung von Wohn- und Erlebnisräumen. Wie in einem Bilderbuch der Kunstgeschichte spiegeln sich die Materialien, Stile und Ideen von Künstlern und Kunsthandwerkern aus Jahrtausenden. Mit moderner Technologie entwickelt, lassen die Profile in ihrer Formenvielfalt die großartige Stuckkunst vergangener Zeiten wieder aufleben und auch ganz neues Raumdesign entstehen. Nüchterne Flächigkeit kann durch elegante Akzente gesteigert werden, einfach begrenzte Wände werden durch Stuckprofile zu einem dreidimensionalen Erlebnis. Zeitgemäße Technik und Innovation verleihen einer traditionellen Handwerkskunst aktuellen Wert: die Stuckkunst findet im 21. Jahrhundert zu neuer Größe und Wirkung. Stuckprofile werden zu einer bedeutenden Komponente der gelungenen, individuellen Wohnraumgestaltung: Ob als Steigerung des Raumeindrucks in monochromer Umgebung oder als komplementäre Ergänzung zu Farben und Flächen oder als plastische Reliefs zur Gliederung spannender Dekoration – Stuck ist ein belebendes »Gestaltungselixier« für unterschiedliche Raumkonzepte, wie sie in den anregenden Bildfolgen der nächsten Seiten den Verarbeitungsbeispielen vorangestellt sind.

Andreas Maier
München, im Juni 2008

Raumkonzepte

Puristisch

Das Einfache, auf das Notwendige Reduzierte eines westlichen Lebensstils

Klassisch

Symbiose von traditionsreichen Formen und den Dingen des modernen Lebens

Zeitgenössisch

Individuelle Akzentsetzungen in der Kombination von Elementen unterschiedlicher Herkunft

Illusionistisch

Das Detailreiche, Überraschende des Trompe-l'Œils im modernen Ambiente

Puristisch

Nach dem Ersten Weltkrieg suchten immer mehr europäische Architekten nach neuen Wegen abseits von allem, was sie als zu ornamental empfanden. Die Architektur sollte rein und effizient sein. So hatte die 1919 von Walter Gropius übernommene Kunstgewerbeschule in Weimar, das spätere Bauhaus, zum Ziel, funktionale und formschöne künstlerische Objekte zu entwerfen. Viele renommierte Baumeister glaubten, sie könnten die Architektur von ihren historischen Fesseln befreien. »Die Baukunst von heute befasst sich mit dem Haus, mit dem gewöhnlichen und üblichen Haus für normale und übliche Menschen.« (Le Corbusier: Kommende Baukunst. Stuttgart 1926) Getragen von den Ideen des Bauhauses hatten die Entwürfe der Modernen den revolutionären Anspruch, eine neue Welt zu schaffen. Eine puristische Außen- und Innenraumgestaltung war der ideale Hintergrund für Künstler und Designer.

Diese Einflüsse spiegelten sich auch in der Entwicklung neuartiger, nüchtern wirkender Profile wider, die fast völlig auf Ornamentik und Verspieltheit verzichteten. Es entstand eine neue Art der Gestaltung, deren Zweck es einzig und allein war, horizontale und vertikale Linien in einen Zusammenklang zu bringen, in dem sich Strenge auf Sanftheit reimt und Schönheit auf Zweckmäßigkeit. In dieser Weise finden auch Kunststoffprofile Verwendung im modernen Wohnraum. Das Einfache, auf das Notwendige Reduzierte entspricht am besten dem westlichen Lebensstil, der heute überall auf der Welt zu finden ist. Kennzeichen der puristischen Gestaltung sind:

Orientierung am Trend, an kultiger, flippiger Jugendlichkeit, gepaart mit Selbst- und Markenbewusstsein;
Musik und Mode gehören zum entspannten, zum Teil nüchternen Wohnen.

Die puristische Wohnwelt ist an keinen historischen Stil angelehnt,
ihre Schlichtheit ist nicht langweilig, sondern in Reduktion auf das Wesentliche klar gegliedert;
einfache, eher eckige als runde Formen verbinden sich mit unterschiedlichen Strukturen und Texturen.

Scharfkantige, zurückhaltende Profile setzen Akzente, die Wände und Decken kaum merklich zur Geltung bringen;
ein durchdachtes Spiel von Licht und Schatten ergibt die Beleuchtung in Sockelprofilen oder Eckleisten.

Elemente wie der Schalensessel oder die Kombination von textilen Strukturen der Wandbekleidung mit dem Reliefbild bilden mit schlichten Profilen den klassischen Hell-Dunkel-Kontrast.

Kosmopolitische, moderne Farbkombination in einer warmen Wohnatmosphäre: Den klassischen Übergang zur Deckenfläche bildet eine einfache Hohlkehlleiste, im kontrastierenden Weiß beschichtet.

Material 49
Verarbeitung 64
Oberflächengestaltung 110

Funktionalität und Strenge vereinen Komfort und Design. Markantes Objekt ist die experimentell gestaltete Bar im Hintergrund.

Material 49
Verarbeitung 106, 107
Oberflächengestaltung 110

Licht, Raum und Klarheit: Die Farben Grauviolett, gedämpftes Lila und Braun gelten als die Farbpalette der Neomoderne. Die harmonische Teilung einzelner Wandbereiche und das farbige Absetzen des Sockels akzentuieren die Flächenwirkung.

Die schlichte, ornamentlose und klare Formensprache: Ein Profil kennzeichnet kaum merklich den fließenden Übergang von Deckenfläche zur Wand. Das Bemühen um das Wesentliche zeigt sich auch in den Einrichtungsgegenständen.

Innovative Gestaltung, kombiniert mit den leuchtenden Farben des extravaganten Möbeldesigns: Die klaren Formen verbinden die technische Raffinesse der indirekten Beleuchtung mit den reinen Farben.

Material 49
Verarbeitung 106
Oberflächengestaltung 110

Farbe, Form und Geometrie beherrschen diesen Raum: wesentlich ist die Balance von Farb- und Formgestaltung.

Die kontrastreiche Farbgestaltung mit einem intensiven, leicht ins Kühle gehenden Rot und weißen Profilen, die einen Glasspiegel rahmen, erzeugt eine dynamische Spannung.

Material 49
Verarbeitung 78
Oberflächengestaltung 110

Moderne, sachliche Wohnumgebung mit ausgewogener Lichtgestaltung im Sockel- und Deckenbereich: Die unbunte Farbwelt und die designorientierten Formen stehen nicht im Widerspruch zu Gemütlichkeit.

Reduktion auf das Notwendigste: Fast schon futuristisch wirkt diese Sitzgruppe in technisch orientierter Gestaltung.

Klassisch

Ab der Mitte des 18. Jahrhunderts veränderte die erneute Rückbesinnung auf die klassische Antike nicht nur das architektonische Erscheinungsbild der europäischen Städte, sondern auch die Gestaltung der Wohnräume. Mit dem Beginn der Industrialisierung ging das Interesse an Kulturen, deren Blütezeit zweitausend Jahre zurücklag, einher, es drückte sich in den Schöpfungen des Klassizismus aus. Der Siegeszug dieser Stilrichtung verdankt sich aber nicht nur der Wendung zur alten Geschichte Griechenlands und Italiens, sondern auch den Ambitionen einer neuen Generation von Bauherren und Gestaltern, die sich als Erben der antiken Zivilisation verstanden. Die Architektur war repräsentativ und auf die jeweiligen Gegebenheiten zugeschnitten, und das klare, mitunter farbenfrohe Bild der Paläste und offiziellen Gebäude dieser Zeit hat bis heute nichts von seinem Charme verloren.

Die Symbiose von traditionsreichen Formen und den Dingen des modernen Lebens kann als klassische Gestaltung der Wohnumgebung mit den Stuckprofilen unserer Zeit auch heute Räume in kleine Paläste verwandeln, sie im Glanz vergangener Zeiten erstrahlen lassen. Kennzeichen der klassischen Gestaltung sind:

Stilbewusstsein; ein Hauch von Luxus; Kombination niveauvoller Einrichtungsgegenstände mit ausgesuchten Accessoires.

Edle Spachtel-, Lasur- und Beschichtungstechniken für die Wandflächen; Tapeten, Bordüren und gestufte Ornamente in zuweilen sehr üppigen Designs.

Eher dezente Farbigkeit, zumeist Pastellfarbtöne, bisweilen aber auch kräftige Farben, dazu Altrosa, lichtes Ocker und erdige Umbratöne.

Profilgestaltung mit Elementen im Stil vergangener, nicht nur antiker Epochen; Kombination von Proportionen, Mustern, architektonischen Stilelementen und Farben; neben Neoklassizismus Richtungen wie Neorenaissance, Neobarock oder experimenteller Kolonialstil.

Säulen und Pilaster mit verspielten Deckenrosetten herrschen vor; Profile mit Ornamenten, veredelt durch Blattgold und Blattsilber, betonen den Luxus.

Flächige Wandvergoldungen dominieren das festliche, edle Bild eines Atelierraums. Die kannelierte Säule ist Dekorelement und wirkt trotz ihres Volumens harmonisch.

Üppig gestalteter Durchgangsbereich in Anlehnung an die griechisch-römische Antike. Das Akanthusblatt in der Eckprofilleiste unterstreicht die klassizistische Dekoration.

Zeitlos bürgerliches Ambiente mit einem Hauch von Rustikalität. Die schnörkellose Anrichte korrespondiert mit der barocken, marmorierten Blendsäule und der Nische in der Erscheinungsweise von Granitstein.

Material 49
Verarbeitung 66, 93, 101
Oberflächengestaltung 122, 127

Die Eleganz des gehobenen Wohnstils äußert sich in zurückhaltend wolkig gespachtelten Wandfeldern und abschließenden Friesprofilleisten. Schlichte Sockelleisten bilden den Abschluss zum Granitspiegel.

Material 49
Oberfläche 111

Das florale Schablonenornament unter dem Eckprofil steht in Kontrast zu den feinen, oxidierten Silberapplikationen auf den Rundstäben der Profile und setzt zusätzliche Akzente unter der Hohlkehlleiste.

Das elegante dorische Säulenportal und die kunstvoll ausgeführten Marmorierungen auf der Säule prägen einen faszinierenden Eingangsbereich.

Material 49
Verarbeitung 64, 93
Oberflächengestaltung 122

Luxus im Spiegel mit blattvergoldetem Rahmen, flankiert von Pilastern. Die Ornamente des Spiegels mit stumpfer Goldauflage harmonieren mit dem leicht pastelligen Ockerton der Wandfläche.

Material 49
Verarbeitung 94
Oberflächengestaltung 100, 126

Zeitgenössisch

Helle, freundliche Farben von Einrichtungsgegenständen im Zusammenspiel mit stimmungsvollen Dekostoffen prägen überwiegend den zeitgenössischen Wohnstil. Architektonisches verlangt man nicht, und man verzichtet ganz bewusst auf prächtiges, aber dominierendes Mobiliar. Individueller Geschmack setzt vornehme oder auch rustikale Akzente in der Kombination von Vorhängen, Stoffen und Accessoires. Die Flächen wirken großzügig, und Holz darf wie Holz aussehen, es ist edel, kann aber Gebrauchsspuren aufzeigen. Der Boden ist hochwertig verarbeitet und sorgt für zusätzliches Flair. Das Zuhause ist ein Ort, der nicht repräsentieren möchte, sondern durch Einfachheit und sinnliche Schönheit besticht. Der Austausch mit fremden Kulturen, der die Welt zusammenrücken lässt, schlägt sich in der Wohnraumgestaltung nieder, etwa in einer Verbindung von Asiatischem und Europäischem. Die Farben der Wand- und Deckenflächen sind meist erdig und natürlichen Ursprungs. Kennzeichen der zeitgenössischen Gestaltung sind:

Verzicht auf übertriebene Stuckverzierungen an Decken und Wänden.

Leichte pastellige Farbigkeit in Erinnerung an Thymian und Lavendelblüten;
durchscheinende Farben, die nicht selten abblättern und untere Farbschichten zum Vorschein bringen, für die Wandflächen;
Einfluss des mediterranen Landhausstils;
das Interieur wirkt zum Teil gedämpft;
fremdländische Einflüsse können die Einrichtung prägen.

Qualitätvolle Dekorationselemente aus natürlichen Materialien wie Steingut, Messing, Porzellan oder Holz.

Harmonisches Zusammenspiel der Profilgestaltung mit der Einfachheit des Raums;
Sockelbereiche oft mit höheren Leisten, patiniert oder getönt beschichtet;
reduzierte, zurückhaltend in die Raumsituation eingefügte Eckprofile als Extras.

Helle Holzmöbel mit klaren Formen bestimmen die Farbwelt einer natürlichen Wohnumgebung.

Material 49
Verarbeitung 94
Oberflächengestaltung 111

Die klare Struktur des Türrahmens und ein dunkles, kühles Oxidrot mit purpurfarbenem Unterton auf unverputztem Mauerwerk lassen starke Spannung entstehen.

Die Kombination von gediegenen Einrichtungsgegenständen und exotischen Bildmotiven lädt zum Entspannen ein.

Material 49
Verarbeitung 107
Oberflächengestaltung 110

Verspieltes Ambiente im klassischen Komplementärfarbenkontrast. Die Kombination von rustikalem Mobiliar und cartoonartigen Bildern vermittelt Heiterkeit.

Material 49
Oberflächengestaltung 110, 118

Wohnen im Landhausstil: zeitlos attraktive Gestaltung mit einer stilisierten Säule in Graumalerei.

Der Gegensatz zum puristischen Wohnen: Fremdländische Sammelobjekte haben in den hell vertäfelten Wandnischen eine Wirkung von besonderem Charme.

Die Klarheit des Wohnraums geht von der Gestaltung des Wandsockels und dem ornamentalen Fenster aus. Auch ohne farbige Kontraste wirkt die Gesamtkonzeption aufgrund der reliefartigen Flächen.

Material 49
Verarbeitung 80, 84
Oberflächengestaltung 110

Die Farben fremder Kulturbereiche werden betont durch vergoldete Stabrillen als Rahmung der ornamentalen Malerei und der Sammlungsvitrine.

Material 49
Verarbeitung 80, 84
Oberflächengestaltung 110, 126

Illusionistisch

Die Illusionsmalerei, auch »Augentäuschung« (Trompe-l'Œil) genannt, die dem Menschen »den schönen Schein« bietet, gibt es schon seit der Antike. Diese Spielart der Malerei möchte ihre Inhalte so wiedergeben, dass sie auf den Betrachter als Realität wirken. Zu ihr gehört auch die Graumalerei (Grisaille), vornehmlich für gemalte Architektur; auch sie gaukelt mit optischen Tricks dem Auge vor, gemalte Formelemente seien reale: Es ist die Kunst, perspektivische Fluchtpunkte zu schaffen und mit hellen und dunklen Farben Licht und Schatten zu erzeugen.

Eine grundlegend neue Vorgehensweise bedeutet das Imitieren klassischer Architekturelemente mit Formelementen, die tatsächlich existieren. Die modernen, dreidimensionalen Stuckelemente können nahezu jede Form annehmen, sie können den Rahmen für gemalte Illusionen bilden und die Graumalerei ersetzen. Das, was die Graumalerei als Scheinarchitektur auf glatten Untergründen für den Betrachter vortäuscht, was sich täuschend echt als gemaltes Profil mit Licht- und Schattenwirkung zeigt, kann mit Stuckelementen aus Kunststoff in plastischer Form dargestellt werden.

Flächen können mit diesen Elementen gegliedert werden, der Untergrund wird zum Träger von architektonischen Formen wie Säulen, Pilastern, Portalen, Gesimsen. Realplastisch wirkende Reliefs beleben jede Fläche und bieten zudem enorme Gestaltungsmöglichkeiten rund um das Stuckelement und auf seiner Oberfläche. Es können Rahmen um illusionistische Wandgemälde entstehen; farbenprächtige Marmorsäulen und vergoldete Pilaster bilden barocke Portale; patinierte Ziergesimse umgeben gemalte Bücherwände. Kassetten, patiniert in edler Holzimitation, erzeugen den Eindruck von geschnitzten Wandvertäfelungen. Das Ziel ist stets, eine persönliche, einzigartige Atmosphäre zu schaffen, im Einklang mit dem Charakter des bewohnten Raums. Grenzen gibt es im Grunde nicht, doch sollte die Darstellungsweise mit der angestrebten Wirkung in einem nachvollziehbaren Zusammenhang stehen. Kennzeichen der illusionistischen Gestaltung sind:

Es gibt keine Regeln und Gesetze, die Liebe zum Detail und zum Außergewöhnlichen bestimmt die Gestaltung.

Profile und Elemente jeder Art und Stilrichtung eignen sich, um Räumen eine persönliche Note zu geben.

Harmonie zwischen der Malerei und dem architektonischen Bauteil ist angestrebt: Motive wie Ausblicke auf das offene Meer mit exotischen Palmen lassen sich in Arkaden, Bögen oder Portale mit Aufsätzen integrieren, oder Wildblumen ranken sich um Wandprofile und um Säulen, Wandleuchten aus Hart-PVC werden zu Fossilien oder Muscheln.

Eine Ranke umschlingt das dekorativ patinierte Profil. Die reliefartige Oberfläche verschmilzt optisch mit der Malerei und scheint eine Ebene mit der Pflanze zu bilden; aus dem Sockel bricht eine Wurzel, aus der ein Zauberbaum wächst.

Material 49
Oberflächengestaltung 119

Gerahmte Szenen auf einem mit Kassetten verblendeten Wandschrank erinnern an einen Edgar-Allen-Poe-Roman. Die Spiegelflächen täuschen den diffusen Hintergrund einer Grotte vor.

Grisaille(Grau)malerei in Kombination mit flächiger Profilanordnung. Die in einer kühlen Umbralasur getönten Kassetten lassen an alte, traditionsreiche Formen der Wandeinteilung denken.

Material 49
Verarbeitung 86, 87, 109

Die individuell gestaltete Dunstabzugshaube ist mit einem von grünlicher Patina überzogenen Eckprofil abgeschlossen, und die Früchte der Illusionsmalerei scheinen auf diesem Stuckgesims zu liegen. Auch der Träger ist über die Blattwerkranken einbezogen.

Rahmung und Kassetten werten die ursprünglich einfache, glatte Innenraumtür deutlich auf. Die Verbindung zum Sockel mit dem umlaufenden Wandprofil bilden Schlusssteine im Türrahmen.

Material 49
Verarbeitung 62, 82
Oberflächengestaltung 110, 118

Ein Klassiker der Illusionsmalerei: Der Blick durch eine Arkade auf exotisches Blattwerk und den bewegten Ozean; der Reiher ist eines der beliebtesten Motive der Wandmalerei.

Skizzenhafte Darstellung einer Gestalt zwischen plastischen Blendsäulen korinthischer Art; die Pilaster unterstützen die künstlerische Gesamtwirkung und lenken das Auge auf das Bild.

Material 49
Verarbeitung 66, 94
Oberflächengestaltung 110, 118

Lisenen und Gesims bilden die räumlich-reale Fassung der gemalten Bibliothek; sie unterstützen als architektonische Elemente die Illusionswirkung der Graumalerei.

Kassetten und gebogene Stuckelemente vermitteln den Eindruck einer hölzernen Wandvertäfelung, deren Dreidimensionalität dem jahrhundertealten Stilllebenmotiv der Malerei Tiefe verleiht.

Material 49
Verarbeitung 70, 80
Oberflächengestaltung 110, 118, 119

Stuckelemente – Basics

Stuckelemente aus Kunststoff werden mit einer hochwertigen Oberflächenbeschichtung versehen und sind anschließend einfach zu montieren. Auf den folgenden Seiten geht es um das Material und wie man mit ihm umgeht, die Verklebetechnik und die Werkzeuge sowie die vorbereitenden ersten Schritte. Die Wandflächengestaltung mit Blendsäulen oder Pilastern, wie sie die Abbildung zeigt, wird genauer auf den Seiten 94 und 95 demonstriert.

Das Material

Kunststoffe bilden eine Materialgruppe, die auf der Chemie von Makromolekülen (langen Molekülen) basiert: Kleine, einfache Moleküle (Monomere) werden zu einer langen Kette verbunden, jenen Makromolekülen oder Polymeren (viele Einheiten); dieser Prozess wird als Polymerisation bezeichnet. Die Herstellung aus geschäumten Kunststoffen hat die traditionelle Herstellung von Stuckprofilen abgelöst, die Stuckdekoration regelrecht revolutioniert. Industriell produzierte Stuckprofile aus unterschiedlichen Kunststoffen werden allen Anforderungen an Eigenschaften und Verarbeitung gerecht. Die Kunststoffe sind in verschiedene Gruppen unterteilt:

Duromere sind nach der Vernetzung (bei ca. 100°Celsius) von harter Struktur und können durch Erhitzen nicht wieder biegsam gemacht werden.

Thermoplaste werden bei hohen Temperaturen weich und bei Abkühlung wieder hart. Während der Thermoformung erfährt ihre molekulare Struktur keinerlei chemische Veränderung. Der Erwärmungs-Formänderungs-Zyklus kann mehrmals wiederholt werden.

Das große Spektrum thermoplastischer Werkstoffe mit unterschiedlichsten Eigenschaften wird in zwei Hauptgruppen unterteilt, in amorphe und kristalline Thermoplaste:

Amorphe Polymere bilden Materialien (klar und hochglänzend, hart und starr) mit geringer Schrumpfung und entsprechend guter Maßsteuerung. Durch Hinzufügen eines Additivs kann die Zähigkeit und Schlagfestigkeit solcher Materialien verstärkt werden (z. B. hochschlagfestes Polystyrol und ABS). Weitere amorphe Thermoplaste sind Polystyrol, PVC und PMMA (Acrylat).

Kristalline Polymere zeigen eine wesentlich höhere Neigung zum Schrumpfen, ihre Maßstabilität ist daher nur schwer zu kontrollieren. Die Qualität der kristallinen Polymere (lichtdurchlässig bis undurchsichtig, zäh und weich) liegt in ihrer Beständigkeit gegenüber Verschleiß, Ermüdung, Chemikalien und Abrieb. Beispiele für diese Gruppe sind Polypropylen, Polyethylen und Nylon.

Polystyrol
Granulat (Thermoplast)

Polystyrol

Polystyrol wird aus extrudiertem Granulat (Thermoplast) unter Zufuhr von Wärme und Treibgas gebildet. Unter Druck wird die flüssige Substanz in Formen gepresst, abgekühlt und als Strangware auf die gewünschten Längen geschnitten.

Polystyrol, der Werkstoff für die ersten Eckprofile, ist seit etwa 1976 bekannt. Polystyrol (Kurzzeichen PS, gelegentlich auch Polystyren genannt), ein amorpher, transparenter Thermoplast kommt in vielen Bereichen des täglichen Lebens zum Einsatz. Es wird als thermoplastisch verarbeitbarer Werkstoff oder als Schaumstoff verwendet. Bekannte Handelsnamen für Polystyrol sind Lustron, Styropor, Styrodur, Styroflex und Sagex (in der Schweiz).

Polystyrol verhält sich beständig gegenüber wässrigen Laugen und Mineralsäuren, reagiert aber heftig mit Lösungsmitteln wie Benzin, Ketonen und Aldehyden. Es ist UV-Licht-empfindlich. Die Dichte von festem Polystyrol liegt zwischen 1040 und 1090 kg/m^3, von mitteldichtem bei 200 und 450 g/l; aufgeschäumtes Polystyrol (EPS) hat eine Dichte von 20 und 60 kg/m^3 und im Vergleich zu festem Polystyrol geringere mechanische Festigkeit und Elastizität. Polystyrol ist weiß, undurchsichtig und von sehr geringer Wärmeleitfähigkeit. Schon wenige Tropfen Aceton können eine große Menge Schaumpolystyrol zersetzen (das Azeton bewirkt die Freisetzung des eingeschlossenen Treibgases). Schaumpolystyrol ist preiswert und kann mit der Thermosäge optimal und formstabil geschnitten werden – es eignet sich hervorragend für den Architektur-Modellbau.

Eigenschaften und Einsatzbereiche für Polystyrol

Polystyrol ist leicht und preiswert. Das amorphe, thermoplastische Material weist eine geringe mechanische Festigkeit und Dichte auf, ist undurchsichtig weiß und druckempfindlich. Aufgrund dieser geringen mechanischen Belastbarkeit ist bei der Verarbeitung von Profilelementen der Einsatz von groben Schleifmitteln zu vermeiden. Lösemittel (Kunstharzverdünnungen, 2-Komponenten-Spritzverdünnungen) greifen das eingeschlossene Treibgas im Polystyrol an und zerstören die molekulare Struktur. Gegenüber wässrigen Laugen und auf Wasser basierenden Beschichtungsstoffen verhält sich Polystyrol beständig. Je nach Qualität sind die Polystyroloberflächen samtmatt grundbeschichtet bis unbehandelt roh. Leider sind Profilierungen und Kantenschärfe herstellungsbedingt nicht sonderlich ausgeprägt. Formstabilität und die geringe Aufnahme von Wasserdampf wirken möglichen Schrumpfprozessen entgegen. Polystyrolprofile zeichnen sich durch besondere Leichtigkeit aus und lassen sich erwartungsgemäß mit Thermo- und feinen Styroporsägen mühelos schneiden. Vor gröberen Sägen ist zu warnen – sie reißen das Material im Kantenbereich aus. Wegen der weichen Oberfläche ist also bei der Verarbeitung umsichtig vorzugehen – insgesamt aber sind Montage und Verklebung verhältnismäßig einfach, so dass die preisgünstigen und dekorativen Polystyrolprofile bei Amateurhandwerkern recht beliebt sind.

Hochdichtes Polystyrol

Polyurethanharz

Schlagmodifiziertes Polystyrol

HIPS (*high impact polystyrene*) ist eine qualitätsteigernde Weiterentwicklung des Polystyrols. Wie dieses ist es ein thermoplastischer Kunststoff aus extrudiertem Granulat, gehört jedoch aufgrund seiner sechsfachen Schlagfestigkeit zu den widerstandsfähigsten Materialien im Bereich Thermoformung. Dieser thermoplastische Kunststoff, durch Kautschuk modifiziert, findet Verwendung zum Beispiel für Gehäuse von Computern, Fernsehgeräten und Telefonen, im Inneren von Kühlschränken als erste kältebeständige Schicht, aber auch für Plastikspielzeug wie Lego-Steine.

Eigenschaften und Einsatzbereiche von HIPS

Die Herstellung von HIPS ist teurer als die von Polystyrol, aber verglichen mit Polyurethan immer noch günstig. Die Polystyrolmatrix von HIPS enthält je nach Typ ca. 6 % Polybutadien-Kautschuk. Dadurch wird die ursprüngliche Lichtdurchlässigkeit beeinträchtigt. Um die Entflammbarkeit/Brennbarkeit zu reduzieren, werden der Matrix Flammschutzmittel hinzugefügt. Charakteristisch für dieses modifizierte Polystyrol sind die hohe mechanische Belastbarkeit und Materialdichte sowie die Lösungsmittel- und UV-Lichtbeständigkeit. HIPS ist wie Polystyrol weiß, undurchsichtig und samtmatt grundbeschichtet, und leider sind auch an Werkstücken aus diesem Material die Kanten und Profilierungen nicht besonders ausgeprägt. Doch die hohe Materialdichte von HIPS garantiert Form- und Dimensionsstabilität; Feuchtigkeit wird weder aufgenommen noch abgegeben. Diese Eigenschaften machen HIPS nahezu universell einsetzbar.

Zur Bearbeitung eignen sich mit Ausnahme der Thermosäge nahezu alle Sägewerkzeuge, auch elektronisch gesteuerte Stich- und Kreissägen können bei reduzierter Drehzahl verwendet werden. Als relativ unempfindliches Produkt mit einfachen Montage- und Verarbeitungseigenschaften ist HIPS für Sockelleisten und Stuckprofile, für Kassetten, Säulen und Paneele eine echte Alternative zu Polyurethanprodukten. (Ausnahme: Ausgeprägte Ornamente und Verzierungen können auf PU nicht verzichten.)

Polyurethanharz

Polyurethanharz (DIN, Kurzzeichen PUR) besteht aus Isocyanat und Polyol. Beide Komponenten werden unter Verschluss in eine mit Trennmittel beschichtete Aluminiumform gegossen und bei hohen Temperaturen zu einem leichten, aber sehr stoßfesten Werkstoff gebacken. Das leicht gelb- bis bräunliche Profil wird im nächsten Schritt mit einer Grundierung beziehungsweise einem Überzug von hauchdünner Folie beschichtet. Seit Anfang der 1980er Jahre findet PUR Verwendung in der Profilherstellung.

Eigenschaften und Einsatzbereiche von Polyurethanharz

Teurer in der Herstellung als PS und HIPS, zeichnet sich Polyurethan vor allem durch präzise Kantenform und Reliefzeichnung der Profile aus. Die Aluminiumformen werden mit Ornamenten, Mustern und Strukturen befräst, die dann als Positivform das Element oder Profil zieren. Anspruchsvolle Dekorelemente, angelehnt an klassische Vorlagen mit detaillierter Zeichnung werden aus PUR hergestellt. Druckunempfindlichkeit und leichte mechanische Belastung komplettieren die Eignung von PUR für die Herstellung von Pilastern, Säulen, Konsolen und Wandprofilen. Polyurethan kann mit allen handelsüblichen Sägen bearbeitet werden, lässt sich gut schleifen und spachteln und ist zudem beständig gegenüber schwachen Lösungsmitteln und wässrigen Laugen. PUR-Oberflächen können mit einer Zweikomponenten-Spritzgrundierung beschichtet – dies betont die Scharfkantigkeit der Profile – oder mit Durotouchfolien bespannt werden. Die Bespannung mit Folien garantiert eine Oberfläche, die absolut frei von Trennmittelrückständen ist, die unter Umständen Anstriche in ihrer Wirkung beeinträchtigen könnten. Nachteil der Folie: Die Profilierung verliert an Kontur und das Schleifen im Stoßbereich kann zur Ablösung der Folie führen. Grundsätzlich ist das formstabile Polyurethan leicht zu verarbeiten, und nur bei der Verklebung im Stoßbereich ist darauf zu achten, dass ein spezieller PUR-Kleber (siehe Verklebetechnik) verwendet wird. PUR-Material empfiehlt sich für hochwertige Innenraumgestaltung; verstärkt durch Kunststoffarmierungen eignen sich die Profile aber auch für Fassaden.

PUR- Flexprofil

Flexible PUR-Profilleisten mit Weichmacherzusätzen

Der Zusatz von Weichmachern verändert die starre Struktur von Polyurethan in entsprechend eng- oder weitmaschige Molekülnetze. Je nach Lage oder Anordnung polarer Bindungen oder Vernetzungen der Molekülfäden ist der Kunststoff weich-elastisch oder starr.

Eigenschaften und Einsatzbereiche flexibler Profile

Seit nunmehr über zwanzig Jahren bieten alle großen Hersteller flexible PUR-Stuckprofile an. Sockelleisten in kreisrunden Räumen, in runden Erkern und Bögen, Wandgliederungen mit Segmentbögen oder kreisrunden Deckenabschnitten – das alles lässt sich mit flexiblen PUR-Profilen problemlos gestalten, denn sie sind extrem flexibel, wasserdampfundurchlässig und nach der Verklebung absolut dimensionsstabil. Gegenüber Lösungsmitteln sind sie ebenso beständig wie starres Polyurethanharz. In der Verarbeitung gibt es keinen Unterschied zu den starren PUR-Profilen; die flexiblen Leisten können bedenkenlos mit dem Cuttermesser geritzt und an den Sollbruchstellen gebrochen werden. Bei fachmännischer Verarbeitung soll der maximale Biegeradius (Maßtabellen der Hersteller) nicht überschritten werden.

Kunststoff und Gips

Profile und Elemente aus Kunststoff sind heute fester Bestandteil der Gestaltung. Sie erleichtern in vielerlei Hinsicht die Arbeit und ersetzen zunehmend den klassischen Gips.

Vorteile und Nachteile

Kunststoff	Gips
Niedriges spezifisches Gewicht	Hohes Gewicht
Hohe mechanische Beanspruchung	Geringe mechanische Beanspruchung
Schnelle Verarbeitung	Aufwendige Verarbeitung
Wirtschaftliche Herstellungskosten	Hohe Herstellungskosten
Unproblematisch zu transportieren	Aufwendig zu transportieren
Bruchfest und flexibel	Starr und bruchempfindlich
Unterschiedliche Beschichtungsmöglichkeiten	Eingeschränkte Beschichtungsmöglichkeiten
Feuchtraumbeständig	Für Feuchträume ungeeignet

Die Verklebetechnik

Im Gegensatz zu früher verlangt heute jeder Anwendungsbereich von Stuckprofilen das passende Material, jeder Einsatz erfordert die geeigneten Werkzeuge und Hilfsmittel. Besonders die Klebetechnik verzeiht keine Fehler! Ohne fachliches Know-how geht es nicht.

Passt der Kleber zum gewählten Profil, entfaltet er seine optimale Klebekraft bei dem gewählten Kunststoff? Wie müssen die Stöße miteinander verklebt werden? Eignet sich der Stoßfugenkleber auch für die Montage auf dem Untergrund?

In der Praxis steht der Handwerker einer Vielzahl sich unterschiedlich verhaltender Oberflächen gegenüber. Der eine Untergrund ist rau wie ein Reibeisen und saugt wie ein trockener Schwamm, der andere ist spiegelglatt und lässt keinen Tropfen Flüssigkeit eindringen. Fragen über Fragen, die sich aus dem breiten Spektrum an Materialien ergeben. Qualität hat ihren Preis, und unterschiedliche Stuckprofile und Untergründe fordern ihren Tribut. In unserem Zusammenhang werden jeweils an passender Stelle und anhand von beispielhaften Abbildungen die wichtigen Details erläutert und anstehende Fragen ausführlich beantwortet.

Der Kleberwald – eine Übersicht

Parallel zu den unterschiedlichen Materialien, aus denen heute die Stuckprofile hergestellt werden, haben sich die Klebstoffe entwickelt. Das Angebot im Handel wächst und führt zunehmend bei Laien, Heimwerkern, aber auch bei Fachleuten zu Verwirrung. Um sich in diesem »Kleberwald« zurechtzufinden, sind genaues Lesen und Beachten der Einsatzbereiche und Verarbeitungshinweise des jeweiligen Klebers unabdingbar. Eine Übersicht soll hier die Orientierung erleichtern.

Montagekleber allgemein

Lösemittelfreie Montagekleber und Klebespachtel werden zum Verkleben von Stuckprofilen und -elementen aus Polyurethan, Duropolymer und Polystyrol auf allen geeigneten festen, tragfähigen und saugfähigen Untergründen eingesetzt. Kreidende Gründe müssen mit einem Grundbeschichtungsstoff tiefgrundiert werden; fettige oder wachshaltige Gründe erfordern gründliche Entfettung und Reinigung.

Gruppen moderner Klebstoffe nach Eigenschaften und Verwendungszweck

Montagekleber innen

Einsatzbereiche Beschichtete mineralische Untergründe, Trockenbauflächen, lackierte Türbekleidungen und Türblätter, Fliesen- und Steinuntergründe, Metalle, Kunststoffe und kunststoffbeschichtete Holzuntergründe.

Eigenschaften Montagekleber für den Innenbereich werden für nahezu alle Profilarten eingesetzt. Kennzeichnend sind hohe Adhäsion zum Untergrund, schnelle Trocknung sowie große Elastizität. Allerdings fallen diese Kleber bei der Durchtrocknung stark ein und sind daher auch schlecht zu schleifen, ihre Fülleigenschaft ist eher gering.

Montagekleber außen

Einsatzbereiche Beschichtete mineralische Flächen im Außenbereich; lackierte Holz- und Metalluntergründe; Kunststoffe; Fliesen- und Steinuntergründe.

Eigenschaften Die Montagekleber für außen haben durchwegs einen höheren Bindemittelanteil und bewirken dadurch bessere Haftung auf kritischen Untergründen. Durch ihren geringen Füllstoffanteil nehmen sie nur wenig Feuchtigkeit auf und verhalten sich konsequent dimensionsstabil. Nach der Durchtrocknung fallen sie allerdings stark ein und lassen sich schlecht schleifen. Profile im Außenbereich müssen nach der Montage ganzflächig beschichtet werden. Um die Fugenbereiche zum Untergrund dauerelastisch zu halten, ist das Ausspritzen mit elastischen Acrylaten notwendig.

Klebespachtel innen

Einsatzbereiche Die Einsatzbereiche für Klebespachtel sind vergleichbar mit denen der Montagekleber für innen. Voraussetzung für gute Adhäsion ist aber stets ein nicht allzu glatter und saugfähiger Untergrund.

Eigenschaften Grundsätzlich zeichnen sich Klebespachtel durch einen höheren Füllstoffanteil aus. Sie trocknen relativ schnell, lassen sich gut schleifen und eignen sich recht gut als Spachtelmaterial im Fugenbereich. Bedingt durch den Füllstoffanteil ist die Haftung auf glatten Gründen geringer. Die Verwendung in Feuchträumen ist nicht zu empfehlen. In der Praxis hat sich die Kombination von Montagekleber für innen und Klebespachtel als rationelle Verarbeitungstechnik bewährt.

Montagekleber für Feuchträume

Montagekleber für Feuchträume sind in ihrer Beschaffenheit denen für außen vergleichbar. Wichtig: Nach Abschluss der Montagearbeit muss eine Beschichtung (Dampfsperre) appliziert werden. Polyurethanmaterialien reagieren sehr empfindlich auf Wasserdampf. Es ist daher zweckmäßig, in extremen Feuchträumen auf hochverdichtetes Polystyrol auszuweichen.

Einsatzbereiche Fliesen in Nassbereichen; Trockenbauflächen und mineralische Untergründe in Nass- und Feuchträumen; lackierte Flächen und Kunststoffuntergründe.

Eigenschaften Neuartige Profi-Kleb- und Dichtstoffe, zum Beispiel Sista M 700 Flextec inside (Henkel-Patent), ermöglichen auch die dauerhafte elastische Verklebung von zwei nicht saugfähigen Bauelementen. Flextec-basierte Produkte vereinen alle positiven Eigenschaften von Polyurethanen und Silikonen miteinander. Sie schrumpfen nicht, sind lösemittelfrei sowie feuchtigkeitshärtend und geruchsneutral.

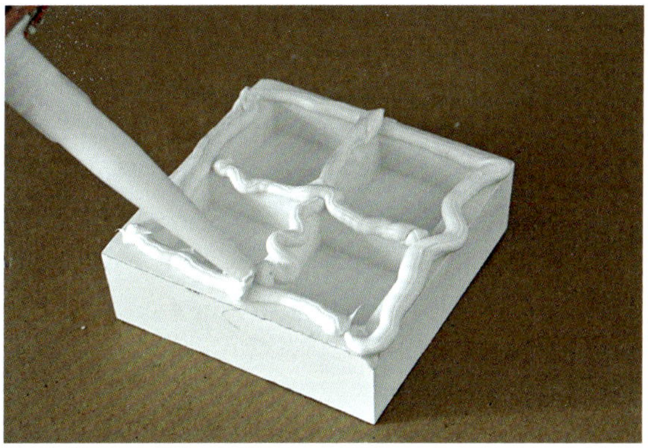

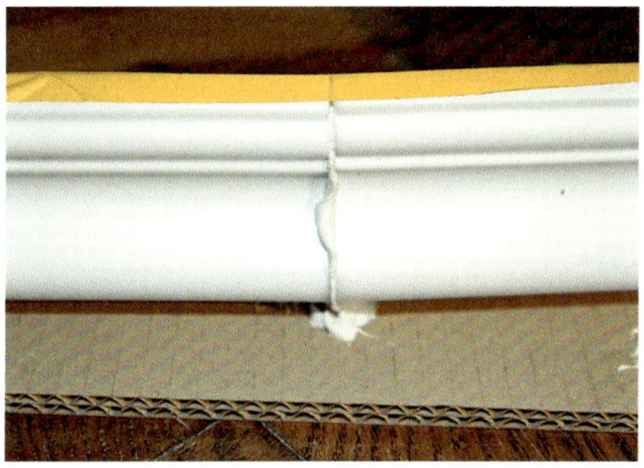

Kleberauftrag Schlussstein

Klebespachtel

Konstruktionsverklebung

Kombiverklebung

Konstruktionskleber

Einsatzbereiche Konstruktionskleber sind für die schnelle Fixierung von Elementen auf nahezu allen Untergründen im Innen- und Außenbereich entwickelt worden. Zur Vollmontage sind sie ungeeignet, da ihre Anhaftungskraft nur sehr gering ist und erst mit der Härtung beziehungsweise proportional zur Durchtrocknung zunimmt.

Eigenschaften Konstruktionskleber sind durchwegs lösemittelhaltig. Polyurethankleber schäumen ergänzend auf und sorgen im Fugenbereich zusätzlich noch für Fülle. Sie sind innerhalb kurzer Zeit durchgehärtet und lassen sich dann gut bearbeiten und beschichten.

Stoß- und Fugenkleber

Einsatzbereiche Verklebung der Stoßfugen im Nahtbereich – nur bei Polyurethanharzmaterialien.

Eigenschaften Werden Polyurethanprofile über einen längeren Zeitraum in feuchter Umgebung gelagert, kommt es zu einem Feuchtigkeitsaustausch; dadurch leidet ihre Dimensionsstabilität. Nach der Installation geben sie die Feuchtigkeit an die Umgebung ab und schrumpfen auf die ursprüngliche Größe. Rissbildungen an den Verbindungsstellen sind die Folge. Da die klimatischen Bedingungen bei Lagerung und Transport nicht kontrollierbar sind, wurde eine Produktlösung entwickelt: lösemittelhaltige Polyurethankleber garantieren den exzellenten Halt im Nahtstellenbereich. Im Stoßbereich aufgetragen, erzeugen die PU-Kleber eine regelrechte Verschweißung der Profile. So werden die Dimensionsprobleme auf die gesamte Länge des Profils übertragen.

Tipp Nach dem Durchtrocknen des Klebstoffes ist dieser zum Teil nur noch schwer nachzubearbeiten. Man kann das Quellen des PU-Klebers verhindern, indem man einen Montagekleber als zweite Klebephase davor setzt. Für diese Phase sollten allerdings nur Klebstoffe mit einem hohen Bindemittelanteil verwendet werden.

Die Werkzeuge

Werkzeuge für die Profilverarbeitung

Die Verarbeitung von Stuckelementen verbindet die Arbeitstechniken des Malers und Lackierers, Schreiners, Raumausstatters und Gestalters. Die Montage, das Sägen der Profile, Einbetten in Klebematerial, Verkleben der Stöße, Ausbilden der Fugen mit Dichtstoffen und die Oberflächenbehandlung durch Beschichtungen erfordern Kenntnisse der Handhabung von Werkzeugen, Geräten und Hilfsmitteln für die professionelle Stuckprofilverarbeitung. Das Spektrum an nützlichen Werkzeugen ist enorm groß und breit gefächert. Die folgende Übersicht ist als Basis-Orientierungshilfe für den Profi gedacht. Sie bezieht sich auf die Grundausstattung, die auf jeden Fall vorhanden sein sollte.

Klar ist, dass die Beschaffenheit des Untergrundes, der Zustand und die Art des Bauwerks den Umfang der Verarbeitung von Profilen bestimmen. Die Regeln der VOB und die einschlägigen Fachnormen mit Verarbeitungshinweisen müssen vor der Verarbeitung bekannt sein. Gegebenenfalls können Informationen aus BFS-Merkblättern zu Rate gezogen werden.

Werkzeuge zum Einstieg

Viele Hersteller bieten heute für klassische Verarbeitungstechniken wie Holzverarbeitung, Tapezieren, Trockenbau, Beschichtung und viele andere praktische Werkzeuggarnituren an, die für den Einstieg in die jeweilige Tätigkeit nützlich sind. Für die Profilgestaltung gibt es Derartiges leider noch nicht im nötigen Umfang. Bis auf einen Profikoffer, der mit einer Grundausstattung von namhaften Herstellern angeboten wird, müssen alle notwendigen Handwerkszeuge einzeln beschafft werden. Viele Werkzeuge, die wir vom Trockenbau und von Tapeziererarbeiten kennen, eignen sich auch für die Profilverarbeitung. In einer gut ausgestatteten Werkstatt, in der mit Holz gearbeitet wird, finden sich weitere Werkzeuge, die für die Verarbeitung dienlich sind.

Grundset Profilverarbeitung

Gehrungslade, zusammenlegbar
Leimholzgehrungslade

1. Gehrungslade, zusammenlegbar
Für Gehrungsschnitte von 30° bis 90° mit arretierender gradgenauen Einstellung, Profiljustierung mit feststellbaren Metallwinkeln für Profilhöhen bis zu 25 cm. Für große Elemente mit Profilschnitten von 45° bis 90° gedacht sind Gehrungsladen aus stabilen Leimholz.

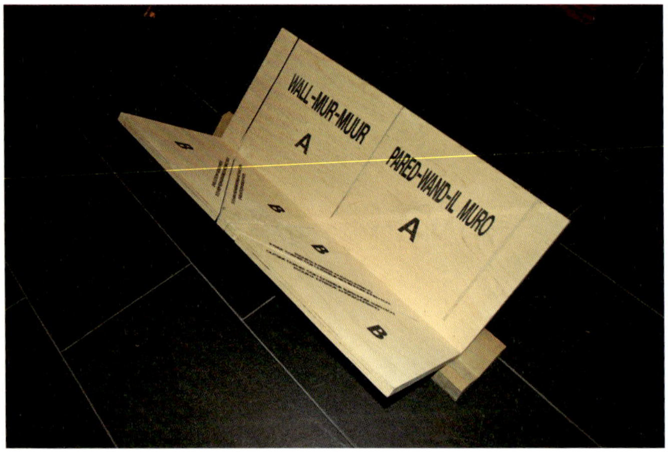

Japansäge
Kreissäge
Stichsäge

2. Manuelle Profilsägen

Um die unterschiedlichen Profilmaterialien zusägen zu können, gibt es zwei klassische Werkzeuge: die Polystyrolsäge für Profile mit einer geringen Dichte, Zugsägen für Polyurethanharz- und gehärtete Polystyrolprofile.

Weitere manuelle Spezialsägen sind die Japanzugsägen mit einem sehr dünnen, scharfen Sägeblatt mit besonderer Sägezahnstellung.

3. Elektrische Sägen

Profile mit einer kleineren Schenkelhöhe können mühelos mit elektronisch steuerbaren Kreissägen geschnitten werden, die sehr genaue und gerade Schnitte ermöglichen. Leider ist der Einsatz wegen der Schnitttiefe auf bestimmte Profile beschränkt.

4. Stichsäge

Mit der Stichsäge lassen sich komplexe Formen ausschneiden. Wichtig: Nur mit bereits laufender Maschine an den Kunststoff herangehen, da er sonst ausreißt. Der Pendelhub und die Schnittgeschwindigkeit sollte auf den jeweiligen Kunststoff eingestellt werden, um Verschmelzungen hinter dem Schnitt zu vermeiden.

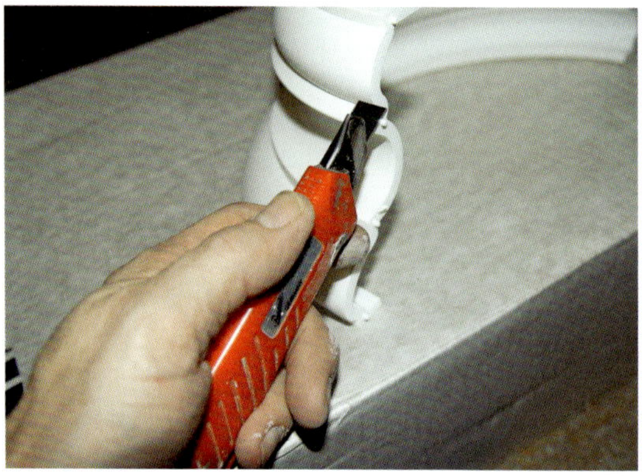

Cuttermesser
Glasschaber

Schmiege
Gehrungslade, Stahllineal

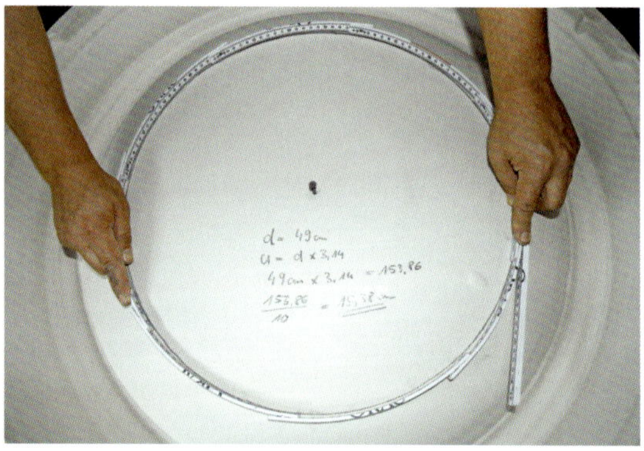

Reißschiene
Flex-Meterstab

Wasserwaage
Laserset

5. Cuttermesser

Ein universell einsetzbares Werkzeug ist das Cuttermesser. Mit ihm kann man flexible Profile einritzen und an der Sollbruchstelle brechen. Auch ist es unentbehrlich, um Profile nachzubearbeiten, Spritzdüsen zu schneiden, Formen herzustellen und so fort.

6. Glasschaber

Den Glasschaber kennzeichnet seine rechteckige Klinge, er ist verstellbar in eine Halterung aus Metall eingeschraubt. Überschüssige Klebereste auf Profilen oder Spachtelwerkzeugen lassen sich mit ihm entfernen.

7. Schmiege (Stellwinkel)

Die Schmiege ist der Winkelmesser mit dem man die exakte Gradzahl von Innen- und Außenecken abnehmen und auf die Gehrungslade übertragen kann.

8. Stahllineal

Die mit dem Stellwinkel ermittelte Winkelhalbierende wird mit dem Stahllineal gemessen und ergibt das Maß für den Profilschnitt.

9. Reißschiene

Zeichenschiene oder Lineal mit T-förmiger, rechtwinkliger Querleiste; zum Anreißen rechtwinkliger Linien.

10. Flexibler Meterstab

Der flexible Meterstab hat den Vorteil, dass er sich in Rundungen einfügt, somit das Maß genauer bestimmt werden kann als mit einem starren Meterstab.

11. Wasserwaage

für das Ausrichten kürzerer Stuckelemente wie Säulensockel, Kapitelle und anderer.

12. Montage-Laser-Set

projiziert eine exakte Verlegelinie horizontal und vertikal auf die Wand- und Deckenfläche.

13. Schlagschnur

Die Schlagschnur dient zum Abschnüren von Wand- und Deckenflächen sowie zum Ausloten der Senkrechten bei der Montage von senkrechten Profilen.

14. Skelett-Handdruckpistole

für die Verarbeitung von Kleb- und Dichtstoffen in Kartuschen.

Schlagschnur
Skelett-Handdruckpistole

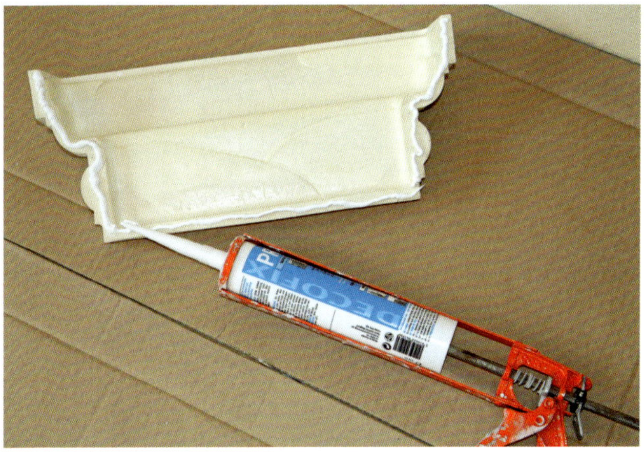

15. Stielspachteln
sind für Modellier-, Spachtel- und Kleberauftragarbeiten geeignet. Ihre Form und Größe bestimmt der jeweilige Einsatz.

16. Stuckateurspachtel
für das feine Ausarbeiten von Innenecken oder das nachträgliche Modellieren von Ornamenten.

17. Japanspachteln
werden für flächigere Spachtelarbeiten an Stößen oder für das Ausbilden von Ecken und Kanten eingesetzt.

18. Staubbesen
gehören zu den wichtigsten Werkzeugen überhaupt. Profilflanken und Untergründe sollten vor der Verklebung staubfrei sein, um gute Haftung zu gewährleisten. Gehrungsladen und Sägen müssen ebenso staubfrei gehalten und in regelmäßigen Abständen abgekehrt werden.

19. Hammer mit Drahtstiften
zum Fixieren von Profilen, kurzfristigen Setzen von Schlagschnurpunkten für Radien, horizontale und vertikale Linien.

20. Sonstige Werkzeuge
Harte Bleistifte, Schleifpads und Schleifpapier, um Kanten zu brechen.

Stielspachteln
Stuckateurspachtel
Japanspachtel

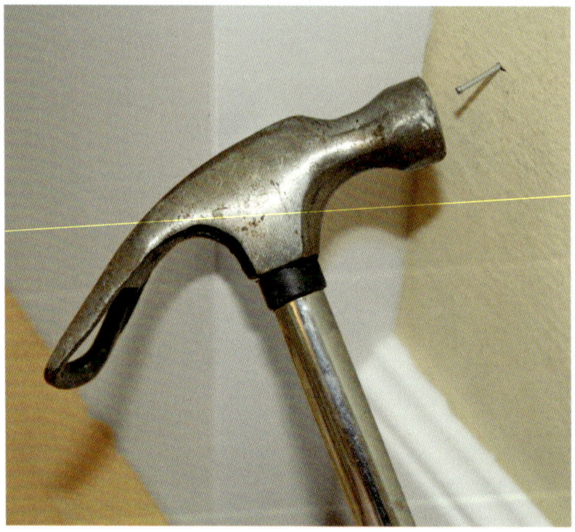

Staubbesen
Hammer mit Drahtstiften

Erste Schritte

Untergrundprüfung

Wie bei allen Montage- und Beschichtungsarbeiten gilt grundsätzlich die alte Weisheit: Der Untergrund muss fest, sauber, trocken, tragfähig, nicht kreidend sein und den Anforderungen der klassischen Applikationstechniken entsprechen.

Profile und Stuckelemente haften natürlich auch nur so gut auf dem Untergrund wie Anstriche auf dem Putz. Tapeten sollten nach Möglichkeit vor der Montage entfernt werden, Glasfasergewebe- und andere Vliestapeten können, wenn sie gut haften, als Montageuntergrund verwendet werden.

Stark saugende Untergründe sollten vor der Montage mit einem Grundiermittel mit Tiefenwirkung abgesperrt werden. Glatte, nicht saugende Untergründe müssen angeraut beziehungsweise chemisch angelaugt werden. Dehnfugen, die Bauteile trennen und ständiger, wenn auch nur geringer Bewegung ausgesetzt sind, eignen sich nicht zur Überarbeitung, da es zu Rissbildung im Profil kommen kann. Das Gleiche gilt für Bauteile, die permanent Feuchtigkeit aufnehmen und Feuchtigkeit abgeben, wie zum Beispiel Holz; auch hier kann es zur Rissbildung im Profil kommen.

Hat der Untergrund ein größeres Schrumpf- und Dehnverhalten als das Profil, kann man davon ausgehen dass es sich um einen problematischen Untergrund handelt.

Werkstoffprüfung

Um eine einwandfreie Leistung erbringen zu können, sollte sich der Verarbeiter vor der Montage der Profile und Elemente von deren fehlerfreiem Zustand überzeugen. Die wichtigsten Merkmale guter Qualität sind: Passgenauigkeit der Stöße, keine Verformungen, trockene und nicht feuchte Ware, fehlerfreie Grundierungen beziehungsweise Folienbeschichtungen und Ausschluss von Verschmutzungen oder Beschädigungen.

Der Montagekleber muss sich für das Profil eignen und darf nicht verfallen oder Frost ausgesetzt gewesen sein.

Die Werkzeuge sollten in einem gut funktionierenden Zustand und auf das zu verarbeitende Profil abgestimmt sein.

Ablinieren und Abschnüren

Abbildungen siehe Seite 62

Der klassischen Montage von Eckprofilen geht eine exakte Linierung mit einer Schlagschnur voraus. Da in den meisten Fällen der Wand-Decken-Anschluss nicht gerade ist und man vermeiden möchte, dass das Eckprofil Unebenheiten im Deckenbereich in seiner Linienführung aufnimmt, empfiehlt sich das Ablinieren.

Je nach Profilschenkelhöhe wird von der Deckenfläche das Höhenmaß des Profils unter Zugabe der Klebefuge (ca. 3 mm) herunter gemessen; eine umlaufende, gerade im Wasser liegende Linie wird abgeschnürt oder mit einem ständig umlaufenden Laserpunkt auf die Wandfläche projiziert.

Der Schnurschlag bietet sich allerdings eher an, da bei der Montage die Linie immer sichtbar ist und nicht verdeckt wird. Etwaige größere Fugen im Deckenbereich lassen sich nach der Montage mit Klebespachteln oder auch mit kunststoffgebundenen Füllstoffen ausgleichen. Da Eckprofile oftmals hell beschichtet werden, fällt das Ausgleichen im Deckenbereich kaum auf.

Ablinieren mit Schlagschnur

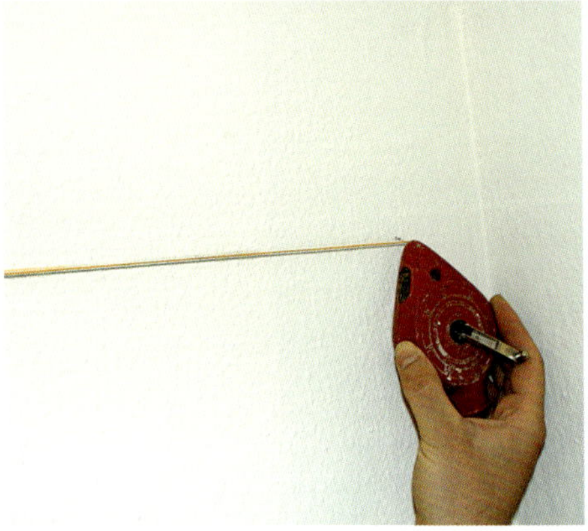

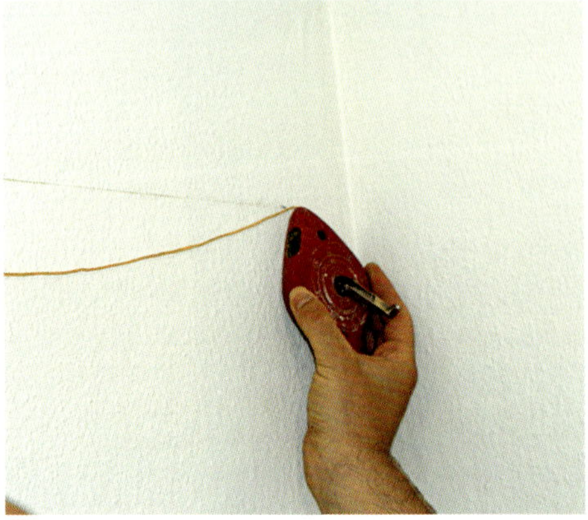

Um Wandflächen exakt zu gliedern, bieten sich auch lange Wasserwaagen und Senklote an. Ist die Wandgliederung erst mal sauber aufgerissen, lassen sich die zu montierenden Profile mühelos verkleben.

Bei schweren Wand- beziehungsweise Eckprofilen kann man mit Drahtstiften oder feinen Stahlnägeln das Profil vor dem Abrutschen sichern. Die Nägel sollten genau auf der Schlagschnurlinie angebracht und nicht zu fest eingeschlagen werden, da sie nach Durchtrocknung des Montageklebers wieder entfernt werden. Die entstandenen Nagellöcher werden durch das nachträgliche Ausfugen der Profilkante überarbeitet.

Das Arbeiten mit der Schmiege

Auf den richtigen Winkel kommt es an! Ein Grad zu viel oder zu wenig abgesägt – das wirkt sich sofort auf die Gehrung in der Ecke aus. Bei der Montage von großen Profilen entsteht zur Deckenfläche eine zunehmend größer werdende Fuge, die bei einem Grad Abweichung einen Spalt von 5 mm im Deckenbereich entstehen lässt. Je größer also das zu verarbeitende Profil, desto größer auch die Fuge. Vermeiden kann man diese Fugen, indem man den Winkel mit einer Schmiege in der Ecke abnimmt und auf die Gehrungslade überträgt. Es gibt zwei Möglichkeiten, den exakten Winkel auf die Gehrungslade zu übertragen:

1. Winkelsumme

Die Schmiege zeigt eine gesamte Winkelsumme der Innenecke von 148 Grad und eine Winkelhalbierende von 74 Grad an. Die Winkelhalbierende kann sofort in die Gehrungslade übernommen und gradgenau eingestellt werden.

2. Gradeinteilung

Sollte die Gehrungslade keine Gradeinteilung zur Feinjustierung haben, so kann der mit Schmiege abgenommene Winkel mit dem Metallmaß gemessen werden. Dieses Maß wird halbiert (in unserem Beispiel 20,5 cm), der Winkel in der Gehrungslade eingestellt und das Profil gesägt.

Leider wirkt sich diese Montagehilfe nur auf die Winkelfunktionen der Innen- und Außenecken der Wandflächen aus und nicht auf die Winkelsumme zwischen der Wand- und Deckenfläche (Schenkel des Profils herstellungsbedingt 90°). Es gilt also größere Winkelsummen mit entsprechend viel Montagekleber oder Klebespachtel im Decken- und Wandflächenbereich auszugleichen. Sollten die Toleranzen zu groß werden und ein Ausfüllen der Fugen nicht mehr

Die exakten Winkelsummen ermittelt man am besten mit der skalierten Schmiege. Die abgenommenen Winkelsummen können so auf die Gehrungslade übertragen werden und gewährleisten einen geraden Schritt.

möglich sein, kann man ein V-förmiges Segment aus dem Profil zuschneiden (siehe die Schritt-für-Schritt-Darstellung »Ausgleich unebener Decken«, S. 67)

Verarbeitung

Eine mehrstufige Profilleiste am Übergang von der Wand zur Decke ergänzt die schwere Tapete aus Samtbrokat und unterstützt so die gediegen-üppige Wirkung des Raums. Mehrere Schritt-für-Schritt-Demonstrationen zeigen im Folgenden die Verarbeitung derartiger starrer Eckprofile für unterschiedliche Verwendungszusammenhänge.

Starre Eckprofile

Jedes Profil hat spezifische Schenkelmaße in Bezug zur Wand- und zur Deckenfläche, diese Maße sind in der Produktbeschreibung angegeben. Weitere wichtige Angaben enthalten die Beschreibungen über die Materialeigenschaften, die Verwendung der spezifischen Kleber und die Beschichtung der Profile. Die Schenkelhöhe wird von der Decke nach unten mit einem Schnurschlag markiert. Ist die Decke uneben, sollte der Abstand zur Decke an mehreren Stellen nachgemessen werden. Der maßgebliche Abstand der gesamten Montage ergibt sich an der Stelle, an welcher der größte Abstand von der Decke zur Unterkante des Profils gemessen wird. Nur bei einer geraden, gleichmäßigen und im Wasser liegenden umlaufenden Linie ist eine exakte Montage möglich. Die zum Deckenbereich entstehenden Fugen werden nach der Installation ausgefugt oder beigespachtelt. Auch wenn sich das Profil aufgrund seiner Flexibilität in die Ecke schmiegen würde, sollte bei der Montage darauf geachtet werden, auf der Linie zu bleiben, um einen welligen Lauf der Unterkante zu vermeiden. In schwierigen Fällen, bei größeren und schwereren Profilen, kann man durch Anbringung von Stiften auf der Schnurschlaglinie eine Auflage für die Profile schaffen.

Für den Gehrungsschnitt wird die Schenkelhöhe nach den Produktangaben des Herstellers an den senkrechten Einstellwinkeln der Gehrungslade justiert. Das Profil wird so in die Gehrungslade eingelegt, dass die Klebefläche Decke auf der waagrechten Fläche und die Klebefläche Wand an der senkrechten Fläche der Gehrungslade anliegt. Eckprofile liegen im Vergleich zu Sockelprofilen in der Gehrungslade auf dem Kopf, was ein ständiges Umdenken erfordert.

Ermitteln von Gehrungslinien

Gehrungslinien, auch Profilschnittlinien genannt, entstehen bei wiederkehrenden Profilläufen. Der an der Wiederkehr entstehende Grat (Gehrungslinie) muss ermittelt werden (siehe Arbeiten mit der Schmiege, S. 62). Folgende Profilschnittlinien sind möglich:

1. Rechtwinklig aufeinander treffende Profilläufe mit gleichen beziehungsweise ungleichen Profilbreiten. Bei gleicher Profilbreite bildet die Gehrungslinie eine Gerade in Richtung der Winkelhalbierenden. Das Hilfsviereck lässt ein Quadrat entstehen.

2. Spitz- oder stumpfwinklig aufeinander treffende Profilläufe. Die Gehrungslinien sind Geraden und die Hilfsvierecke Parallelogramme.

Spitzwinkliger Profilrahmen

Eckprofil mit fortlaufendem Ornament

Die Akanthuspflanze ist eine am Mittelmeer weit verbreitete Distelart. Ihre großen, an der Spitze leicht eingerollten Blätter werden gerne als Vorlage für Dekorationen benutzt. Das Akanthusblattornament ist seit Ende des 5. Jahrhunderts vor Christus ein häufig verwendetes Motiv. Die Ornamentform findet sich häufig an korinthischen Kapitellen oder Friesen.

Unser starres Eckprofil besteht aus einer Reihe von zusammengesetzten Akanthusblättern, deren Muster beim Zuschnitt des Profils berücksichtigt werden müssen.

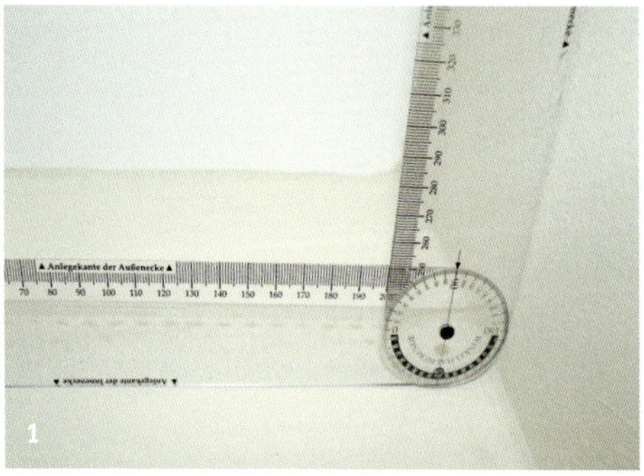

1

4

2

5

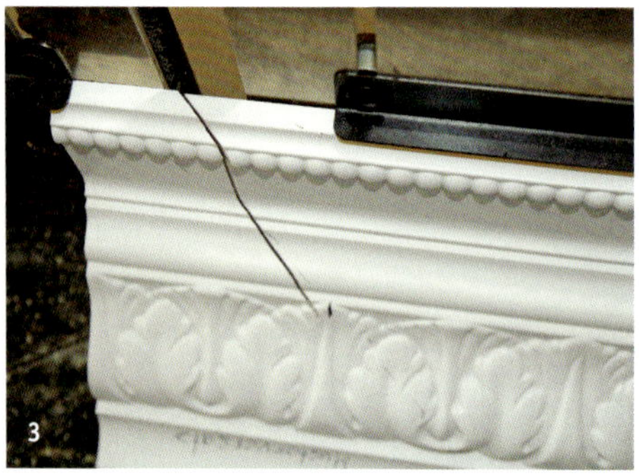
3

6

Schritt für Schritt

Montage starrer Eckprofile

1. Profilschenkelhöhe an der Wand anzeichnen oder mit der Schlagschnur ablinieren.
Tipp: **Ausreichende Klebefuge zur Decke in der Schenkelhöhe einkalkulieren, um Unebenheiten auszugleichen. Innenwinkel mit der Schmiege messen und in die Gehrungslade übertragen.**
Tipp: **Immer im Montagebereich des Profils den Winkel abnehmen, da die Winkelfunktion von Boden zur Decke variieren kann.**

4

6

2. Fortlaufendes Ornament am zu sägenden Profil anzeichnen. *Tipp*: den zu sägenden Gehrungswinkel mit Hilfslinien andeuten.

3. Profil in die Gehrungslade legen.
Tipp: Die Bodenfläche der Gehrungslade stellt die Decke dar, die Seitenwand der Gehrungslade die Wandfläche. Den Stellschieber auf die Schenkelhöhe des Profils einstellen und das Profil arretieren.
Den Profilschnitt zur Bleistiftmarkierung in sicherem Abstand sägen, den Abstand des Sägeschnitts zur Markierung messen und erneut den Schnitt durch die Markierung durchführen.

4. Nach dem Zuschnitt die Kanten mit feinem Schleifpapier brechen und abstauben, Montagekleber auftragen, auf der Linie montieren.
Tipp: Ausreichend Montagekleber verwenden, da Unebenheiten zur Decke mit dem Montagekleber ausgeglichen werden können und das Profil im Klebebett besser in die Gehrungs- oder Stoßfuge geschoben werden kann. *Tipp*: Kombiverklebung bei PU-Materialien nicht vergessen.

5. Die Innenfuge mit Klebespachtel füllen und das Ornament mit der Stuckateurspachtel nachmodellieren. *Tipp*: Statt der Stuckateurspachtel kann auch ein weicher Pinsel, mit Wasser getränkt, zum Modellieren verwendet werden.

6. Die Decken- und Wandanschlüsse mit Klebespachtel füllen und mit der Japanspachtel eine rechtwinklige Klebefuge ziehen.

Schritt für Schritt

Ausschneiden von Segmentteilen aus Profilen

1. Anlegen des Profils an der Deckenfläche und Ermitteln des Segmentwinkels.
Tipp: Den Abstand zwischen den Profilunterkanten messen und an der Profiloberkante übertragen.

2. Das Profil flach in die Gehrungslade einlegen und das Segment schneiden.

3. Nach dem Korrekturschnitt das Profil in gewohnter Weise montieren.
Tipp: das Ausschneiden kleinerer Segmente verhindert ein zu starkes An- oder Absteigen des Profillaufs.

1

2

3

Ausgleich unebener Deckenflächen

Der technische Ausgleich unebener Deckenflächen ist nicht mehr zu vermeiden, wenn der Neigungswinkel der Deckenfläche zu stark an- oder absteigt, starke Unebenheiten oder Wellen ausgeglichen werden müssen oder andere Irritationen im Mauerwerk ein zusätzliches Bearbeiten des Profils notwendig machen.

Das Entfernen einzelner Profil-Segmente ermöglicht einen optisch geraden, aber nicht im Wasser liegenden Verlauf des Profils zur Deckenfläche.

Verkröpfung und Wiederkehr

Die Führung eines Profils um eine ausspringende Ecke heißt Verkröpfung. Läuft das Profil um eine einspringende Ecke sprechen wir von einer Wiederkehr.

Aus optischen Gründen kann die Verkröpfung eines Profils auch in der Fläche entstehen oder in ihr enden, wenn keine Möglichkeit besteht, eine Ecke zu umlaufen. Diese abrupte, geradlinige Endung ist auch unter dem Begriff »Totlauf« bekannt.
Tipp: Wandlampen oder Konsolen kann man mit dieser Technik aus größeren Eckprofilen in verschiedenen Variationen herstellen.

Verkröpfungen können in jeden beliebigen Winkelgrad geschnitten werden. Bei einer Winkeleinstellung von 22,5 Grad entstehen vierteilige Konsolen.

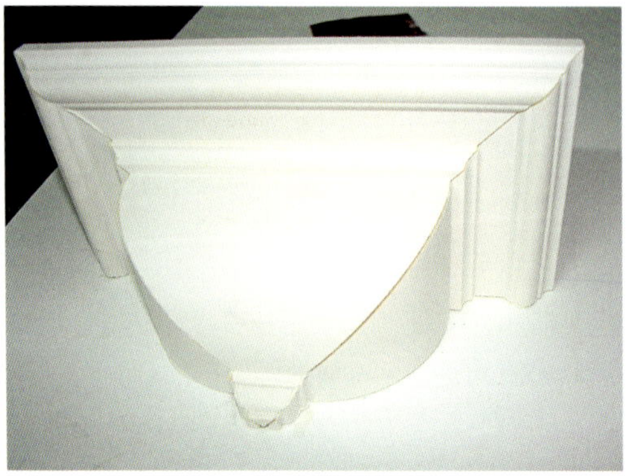

45°-Doppelverkröpfung

22,5°-Verkröpfung

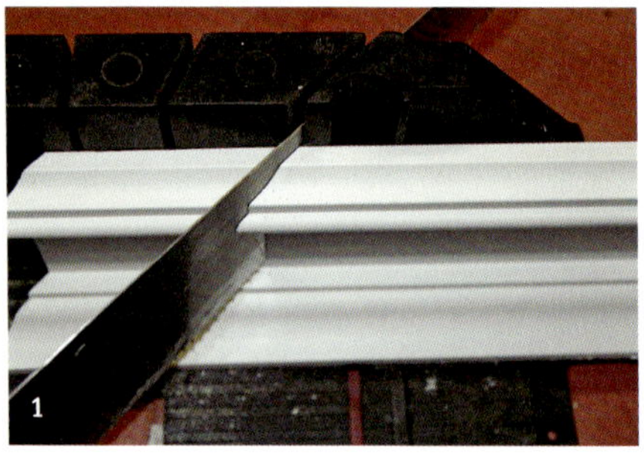

1

2

3

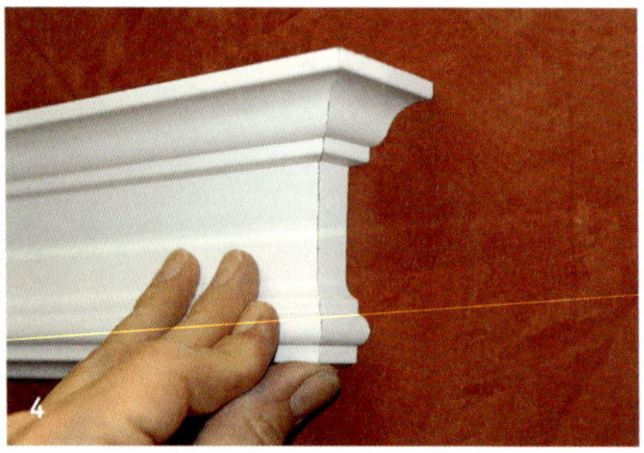

4

Schritt für Schritt

Verkröpfung mit Totlauf

1. Eckprofil im 45-Grad-Winkel sägen.
2. Segment im 45-Grad-Winkel (Gehrung der Außenecke) und 90-Grad-Winkel (Wandanschluss) zuschneiden.
3. Montage der Profilleiste.
4. Einsetzen des Segments.

Schritt für Schritt

Stufenartige Konstruktion eines Kranzgesimses

1. Aus Tischlerplatten und Balsaholz – Balsaholz ähnelt mit seinem geringen Gewicht geschäumtem Polyurethanharz – entsteht die stufenartige Grundkonstruktion des Kranzgesimses. Die Profile aus Polyurethanharz sind aufgrund ihrer Leichtigkeit besonders gut geeignet und werden in die Form integriert.

2. An der vorhandenen Form werden die Profile mit Klammern befestigt, im Stoßbereich mit PU-Kleber miteinander verbunden. Zusätzliche Elemente wie der Zahnkranz werden bei diesem Arbeitsgang mit eingebaut.

3. Nach Abschluss des Formenbaus erfolgt die Grundbeschichtung mit wässrig eingestellten Dispersionen in einem ockerfarbenen Grundton. Da das Bühnenbild vom Zuschauer recht weit entfernt ist, verzichtet man auf die detaillierte Ausführung der Beschichtungsarbeiten.

4. Der letzte Arbeitsschritt ist das Patinieren des Kranzgesimses in einem rotbräunlichen Holzfarbton.

5. Die gesamte Bühnenbilddekoration wird zusammengefügt und noch einmal farblos lackiert.

1

2

4

Kranzgesims im Kulissenbau

Kulissen bestimmen die Bühnenbilder von Theater- oder Filmproduktionen. Sie unterstreichen den künstlich hergestellten Ort der Handlung und lassen einen bildhaften Schauplatz des Geschehens entstehen.

Bühnenbauten entstehen zumeist in den hauseigenen Werkstätten der Theater oder der Filmproduktionsfirmen. Sie können ganze Fassadenzüge bilden, historische Bühnenbilder oder einzelne Requisiten sein. Diese Bauten und Utensilien werden mit Profilen aus Kunststoffen und leichten Holzmaterialien in kurzer Zeit entwickelt und kunstvoll gestaltet. Je nach den Abmessungen von Höhe und Ausladung sowie nach der Ausgestaltung der einzelnen Segmente ist eine Vielzahl verschiedener Kranzgesimsbildungen vorstellbar.

5

Gurt- und Hauptgesims

Gurtgesimse dienen vor allem der architektonischen Gestaltung von Bauwerken. Sie sind meist in Stockwerkshöhe angebracht und bewirken eine waagrechte Gliederung der Außenfassade. Das Hauptgesims als oberstes am Gebäude wird auch das »bekrönende« Gesims genannt.

In der Innenraumgestaltung eignen sich Gesimse für Verzierungen von Mauernischen oder Regalen. Auch für Wandspiegel mit Malerei in der Füllung lassen sie sich verwenden.

Das vor die Mauerflucht vortretende Sohlbankprofil kann als Brüstungsgesims über die gesamte Länge einer Front geführt werden. Da für diese Elemente meist fertige Teile aus Polyurethanharz Verwendung finden, die in der Regel nicht mehr geschnitten werden, ist die Verarbeitung wenig problematisch. Es gilt lediglich zu beachten, dass exakte Hilfslinien auf dem Untergrund konstruiert werden, um die gerade Montage zu gewährleisten. Grundsätzlich empfiehlt es sich, schwere Elemente in ein nicht zu mager aufgetragenes Klebebett einzulegen und mit Nägeln oder auch mit Schrauben zu fixieren. Ist der Kleber abgebunden, kann man die Schrauben und Nägel wieder entfernen.

Natürlich kann es immer wieder vorkommen, dass ein Brüstungsgesims zu lang ist, daher geschnitten werden muss. Der Workshop beschreibt das Kürzen eines Brüstungsgesimses und das Verkleben der Schnittkante.

Gesims

Schritt für Schritt

Brüstungsgesims

1. Das Gesims in die Gehrungslade, mit der Sichtfläche nach oben gerichtet, legen, justieren und mit dem Stellwinkel festklemmen.

2. Die Verkröpfung des Gesimses wird im Fugenbereich der innen liegenden Kassette gesägt.
Tipp: Schnittkanten im Fugenbereich lassen sich leichter nachbearbeiten und unsichtbar machen, nachdem sie ausgespritzt wurden.

3. Das Gesims um die gewünschte Länge kürzen; Teilstück entfernen.
Tipp: Auf das Muster des Zahnkranzes achten, um unterschiedliche Längen der Zähne zu vermeiden.

4. Die Verkröpfung anpassen und mit Konstruktionskleber befestigen.
Tipp: Da der PU-Kleber beim Trocknen an Volumen gewinnt und zu schäumen beginnt, sollten die zu verklebenden Teile zusätzlich mit einem Klebeband fixiert werden.

5. Nach dem Durchtrocknen überschüssige PU-Kleberreste mit einem Glasschaber entfernen und den Stoßbereich mit einem feinen Schleifpapier (P 150) schleifen. Das gekürzte Gesims ist nun montagefertig vorbereitet und kann, sobald es am Untergrund verklebt ist, weiterbearbeitet werden.

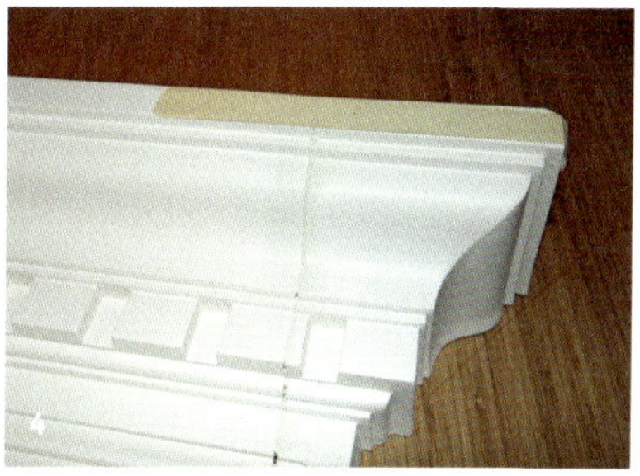

Flächengestaltung

Harmonie der Fläche

Eine harmonische Farbgestaltung kann langweilig und wirkungslos erscheinen, wenn sich die farbige Fläche in einem disharmonischen Rahmen befindet. Die eine Form empfinden wir als harmonisch, die andere als unharmonisch. Es sind aber nicht nur die Formen oder die Flächen als solche, die gefühlsmäßige Reaktionen auslösen. Es sind auch die Anordnung der Formen, die räumliche Verteilung und die Gliederung der Fläche, die für das Empfinden von Harmonie und Disharmonie entscheidend sind.

Fläche und Formen

Kantig-eckige Flächen wirken hart, weichrunde Flächen geschmeidig fließend. Mehrere unterschiedliche Strukturflächen bilden eine Ordnung in komplexer Form.

Die Fläche wird von der Umrisslinie und der Füllung, von Farbe und Struktur bestimmt. Der Ausdruckswert einer Fläche lässt sich von ihrer Kontur und Strukturierung ableiten. Die Grundformen sind Kreis, Quadrat und gleichschenkliges Dreieck, alle anderen leiten sich davon ab. Flächenformen bilden Kontraste, ergeben die Bildordnung, die Komposition. Die Form kann rund, eckig, geometrisch, symmetrisch, scharf begrenzt oder aufgelöst sein.

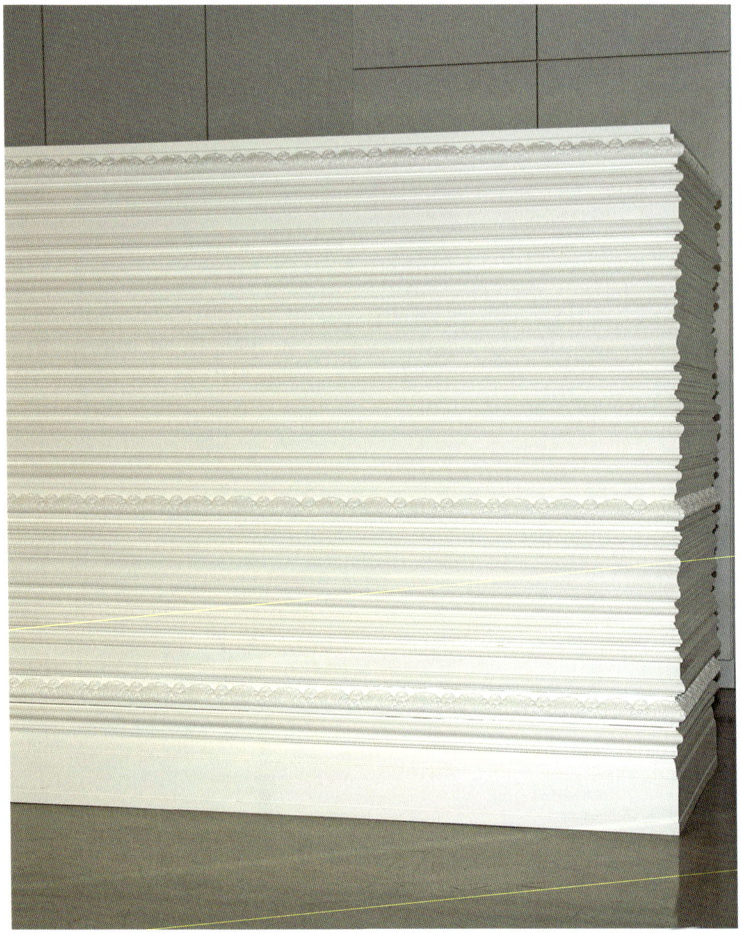

Was für ein Bild der richtige Rahmen ist, sind für eine Wand oder Decke die Rahmen von Wand- und Deckenspiegel, auch als Rahmungen oder Einfassungen von farbigen Flächen, Applikationen und Illusionsmalereien.

Wand- und Deckenspiegel gliedern und teilen Flächen, verändern optisch Raumhöhen und haben schmückende Wirkung. Ob man nur einen einfachen horizontalen Fries unterhalb der Raumdecke befestigt oder flächenteilende Felder schafft, hängt von der Gestaltungsintention und der Raumsituation ab.

Durch patinierte oder bemalte Profilleisten lassen sich neue Kontraste zu angrenzenden Feldern erzeugen.

Raumsituationen werden durch Spiegel verändert, neue Flächen setzen zusätzliche Akzente. Klassische Ornamentformen auf Profilen bieten sich an, um nüchtern wirkende Raumstrukturen zu verändern. Sie zeigen ihre volle Wirkung zusammen mit farblich harmonisch abgestimmten Oberflächen. Kleine Stuckaccesoires ergeben zusätzliches Flair.

Von Wandprofilen gerahmte Tapeten setzen einen weit größeren gestalterischen Akzent als ganzflächig tapezierte Wände. Der souveräne und stilsichere Einsatz von Wand- und Deckenspiegeln muss auf Raumbeschaffenheit, Größe der Flächen, Stil und persönlichen Geschmack der Bewohner eingehen.

Flächige Gliederung

Die Gliederung einer Fläche in regel- und unregelmäßige oder freie geometrische Einzelformen erzeugt weitere reizvolle Blickpunkte. Vor allem die Kombination geometrisch strukturierter Felder mit kräftig getönten Farbflächen hat große Wirkung.

Geometrische Gliederungen treten meist in drei unterschiedlichen Funktionen auf:

1. **als Trennung von Flächenabschnitten** voneinander durch leitende horizontale oder vertikale Linien und Hervorhebung bestimmter Abschnitte;
2. **als Raumteiler**, der definierte Bereiche wirkungsvoll ins Bild setzt;
3. **als rahmendes Element**, das die Aufmerksamkeit auf das Hauptmotiv lenkt.

Formgestaltung von Flächen

Die Formgestaltung von Flächen sollte in erster Linie das zu gestaltende Objekt aufwerten und verfeinern. Ein harmonisches Raumbild ist das Ziel der Flächengestaltung, wie optimale Lesbarkeit das Ziel der typographischen Gestaltung ist. Gestalter bemühten sich stets, Normen

für Flächenkonzepte aufzustellen. Viele Regeln und Hilfsmittel für gute Umsetzungen sind allerdings an den historischen Hintergrund und die technischen Möglichkeiten gebunden. Doch gibt es einige einfache Grundregeln zur Aufteilung von Flächen und zur Formgestaltung, mit deren Beachtung sich Flächen ausgewogen und harmonisch gliedern lassen.

Der Goldene Schnitt

Das wohl bekannteste Verfahren, Flächen harmonisch zu teilen, ist der *Goldene Schnitt*; der Kunstbrockhaus definiert ihn: »Als Goldener Schnitt wird das Maßverhältnis einer Strecke bezeichnet, die so geteilt ist, dass sich die Länge der ganzen Strecke zur Länge des größeren Teilabschnitts verhält wie diese zur Länge des kleineren Teilabschnitts.« Dieses Verhältnis wird als ideale Proportion in der Kunst und Architektur angesehen und ist der Inbegriff von Harmonie und Ästhetik. Für die praktische Anwendung der Flächenteilung kann für die Bestimmung der Sockelhöhe folgende Formel eingesetzt werden:
Raumhöhe:10 x 6.2 = die harmonische Höhe oberhalb des Sockelabschnittes.

Geometrie und Farbe bilden eine Symbiose und dominieren den Raum

Das Raster

Das Raster ist ein ideales Hilfsmittel zur Übertragung von Formen. Raster können in einem beliebigen Maßstab konstruiert und vergrößert werden. Ein Strukturgitter kann auf die Wand projiziert und die Flächen mit organisierten Punkten verbunden werden. Zum Projizieren eignen sich Tageslichtprojektoren, aber auch Beamer.

Formen und Flächen lassen sich auf Wand- und Deckenflächen auch unter Verwendung der »Euklidischen Werkzeuge« exakt konstruieren. Der Unterschied ist nur, dass der Zirkel und das Lineal durch die Schlagschnur ersetzt werden.

Eine Form lässt sich auch stufenweise steigern oder verändern, etwa enger, weiter oder größer werden.

Rhythmische Formgestaltung: Die periodische Wiederkehr bestimmter Formen oder Flächen.

Proportionale Formgestaltung:
Das ausgewogene Verhältnis einzelner Teile oder Flächen zueinander und zum Ganzen.

Künstlerische Formgestaltung:
Die freie Form der Gestaltung unterliegt keinen Richtlinien.

Türflächengestaltungen

Türen schützen vor Kälte, Lärm und Neugier. Sie grenzen Räume ab, sie sind die Verbindung zum benachbarten Raum und als solche bewegliche Bauteile, die jedoch fest mit einem Wandteil verbunden sind. Türflächen drücken etwas Dauerhaftes und Beständiges aus. Sie können modern, schlicht oder klassisch gestaltet sein. Die Vielfalt unterschiedlicher Türöffnungen und Türflächen ermöglicht eine enorme Vielfalt an dekorativen Gestaltungen. Früher wurde auch an eher schlicht gehaltenen Bauwerken die Möglichkeit genutzt, Ein- und Ausgänge besonders zu schmücken; besonders dem Türblatt galt traditionell die Aufmerksamkeit. Die Fülle der Formen von einst ist heute verschwunden, in modernen Gebäuden zählen funktionale Gesichtspunkte, die Eingangszonen werden nützlich und praktisch konstruiert. Doch die stummen Türen entwickelten sich zu einem visuellen Problem.

Zunehmend findet man nun wieder gelungen gestaltete Eingangstüren, die mit ihren Formen und Oberflächengestaltungen persönlichen Geschmack widerspiegeln, einladend wirken und Gastfreundlichkeit vermitteln. Es gibt Türpaneele, die den klassischen Kassetten nachgeahmt sind und sich hervorragend für die flächige Gestaltung von Türen, Möbelstücken, Heizkörperverkleidungen oder Wandsockeln eignen. Sie werden angesichts ihrer mechanischen Beanspruchung aus schlagfestem Polystyrol in verschiedenen Formen hergestellt.

In der Regel verwendet man für die klassische flächige Gestal-

1

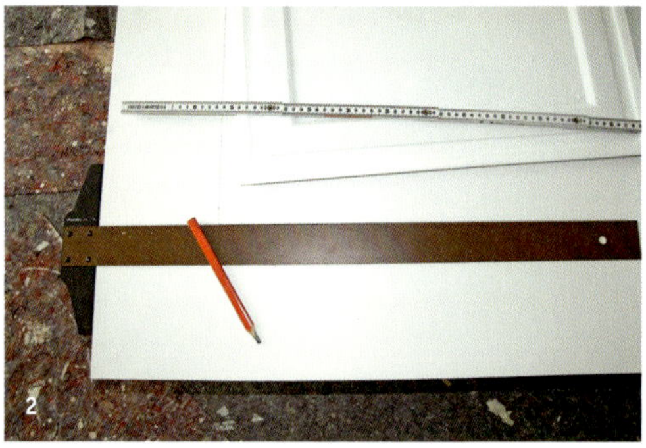
2

3

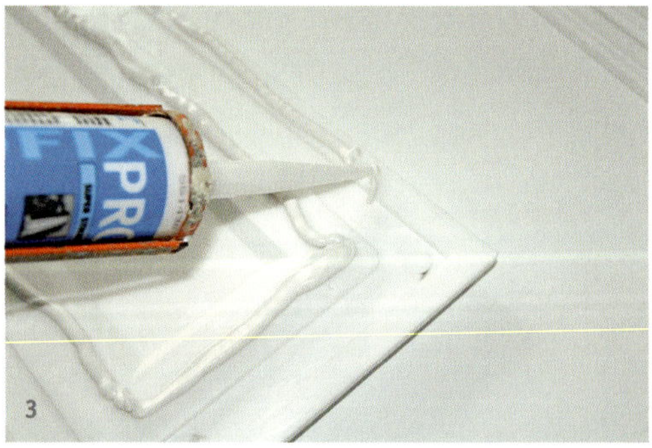

3

Schritt für Schritt

Montage von Türpaneelen

1. Vorbereiten der Paneele und gliedern der Montagefelder mit einer Reißschiene. *Tipp*: Um einen optischen Eindruck von der Gesamtfläche zu gewinnen, legt man alle zu montierenden Paneele auf das Türblatt und beginnt dann mit dem Anreißen.

2. Mit Hilfe der Reißschiene alle einzelnen Felder im rechten Winkel zu den Türfalzen ausrichten und die Eckpunkte mit Bleistift markieren. *Tipp*: Um eine symmetrische beidseitige Montage zu gewährleisten, die Markierungspunkte gleich auf der Rückseite spiegeln.

3. Paneele werden auf nicht saugenden Untergründen mit einem hochgebundenen Montagekleber verklebt, bei Bedarf können sie zusätzlich mit einem Konstruktionskleber punktuell befestigt werden. *Tipp*: Für eine optimale Verklebung mindestens zwei parallel verlaufende satte Klebestränge auftragen.

4. Nach der Montage alle Fugen mit Montagekleber oder Klebespachtel ausfugen, überschüssiges Material mit einer Stiel- oder Japanspachtel abziehen.

5. Ist der Trocknungsprozess nach ca. 6 Stunden abgeschlossen, mit einem Schleifpapier oder feinen Schleifpapier (P 150) Untergründe anschleifen, eventuell mit Acryl im Fugenbereich nacharbeiten.

6. Die mit Paneelen gestalteten Flächen können nun mit allen geeigneten handelsüblichen Lacken beschichtet werden.

tung auf gewöhnlichen Zimmertüren zwei bis drei unterschiedlich große Elemente, dem Ideenreichtum ist aber auch hier keine Grenze gesetzt. Vor allem einfache, mit den Jahren unansehnlich gewordene Türen lassen sich mit Paneelen und einer frischen Lackierung aufwerten.

Die flächige Gliederung mit Paneelen ist auch in Sockelbereichen sehr ausdrucksvoll.

Türumrahmungen

Eine Türumrahmung setzt eine Türfläche erst ins richtige Verhältnis. Ohne sie gäbe es keine gut ablesbare Begrenzung zur anschließenden Wandfläche. Der Türrahmen sollte in Proportion, Form und Gestaltung stets mit der Türfläche harmonieren. Er ist gleichzeitig der Abschluss zum Raum, der keiner mechanischen Belastung ausgesetzt ist.

Für die Gestaltung von Türumrahmungen mit Stuckelementen gibt es außer dem individuellen Geschmack kaum Grenzen. Der fantasievolle Umgang mit unterschiedlich kombinierten Profilen ermöglicht vielerlei Dekorationen, von schlicht bis üppig-ausladend. So verwandeln etwa Bögen oder Gesimse einfache Türzargen in Portale und setzen Akzente am Übergang zur Wand.

Ausdrucksvolle Wandsockel

Wandsockel und Sockelleisten sind mehr als nur funktionelle, schützende und schmutzabweisende Abschlüsse von Boden- und Wandfläche. Sie sind vielmehr ein zierender und dekorativer Übergang zur Wand. Kreativ gestaltete Wandsockel setzen Akzente, gliedern und geben Stil. Als Abschluss teilt der Sockelfries die Wand, er bildet eine horizontale Linie, die den Raum nach oben weiter erscheinen lässt. Vertikal montierte Paneele strecken die Sockelbereiche. Einzeln angeordnete Kassetten von unterschiedlicher Form und Proportion erzeugen

Flächig gestalteter Sockelbereich
Antik patinierter Sockelfries
Vertikale Sockelgestaltung

eine visuelle Spannung zu den freien Flächen. Sockel können aber auch mit architektonischen Elementen und Ornamenten versehen werden. Klassisch für Sockelflächen ist die Kassettierung, die in vorgegebene Wandfries- und Sockelleistenabschlüsse eingepasst wird. Sie verleiht dem Sockel Flächigkeit und Plastizität. Ein ausgewogener Rhythmus der Kassetten interpretiert die klassizistische Wanddekoration, und eine kannelierte Säule mag als Mittelachse für die symmetrische Anordnung der Felder fungieren.

Kassettierung und Rhythmische Sockelflächengestaltung

Individuelle Möbelflächengestaltung

In unserer Gesellschaft haben sich unterschiedliche Vorstellungen von Wohndesign etabliert, die gleichberechtigt nebeneinander existieren. Es gibt keine eindeutige Orientierung, daher auch keine allgemein anerkannte Stilrichtung, vielmehr individuelle Formen und Funktionen, persönlichen Gestaltungsideen entsprechend. Ein neuartiges Wohngefühl betont nicht mehr die Beweglichkeit der Möbel im Raum, sondern die Kreativität ihres Einsatzes. Hinzu kommt die Möglichkeit, ein Möbelstück nach Lust und Laune mit Profilen zu verzieren, es zudem nach Stimmungslage jederzeit verändern zu können. Auch das Spiel mit Gegensätzen und der Einsatz unterschiedlicher Stilelemente, kombiniert mit Farben und Gestaltungstechniken, eröffnet eine vollkommen neue Welt. Es entstehen Unikate, die ein Kontrast sind zum Herkömmlichen, in Form, Farbe und Material.

Der Workshop zur Gestaltung individueller Möbelflächen behandelt einen aus MDF-Platten zusammengesetzten Schrank. Jede einzelne Fläche vom Korpus bis zu den Türen bietet sich für die Applikation unterschiedlicher Stuckelemente an.

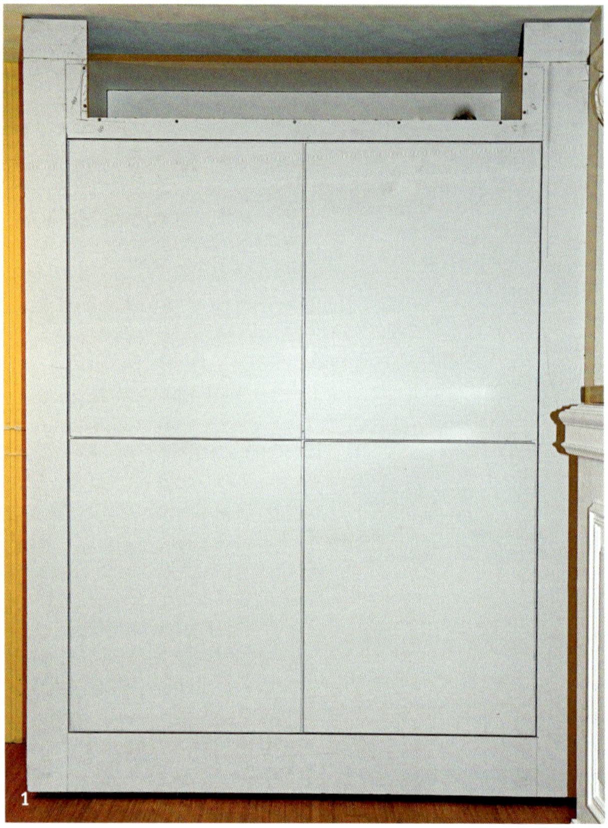

1

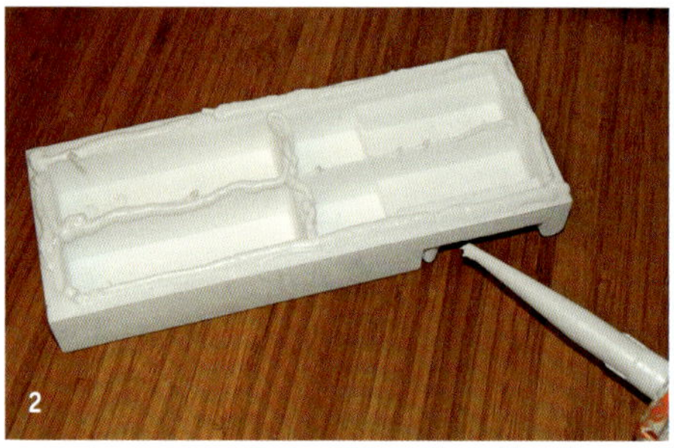

2

2

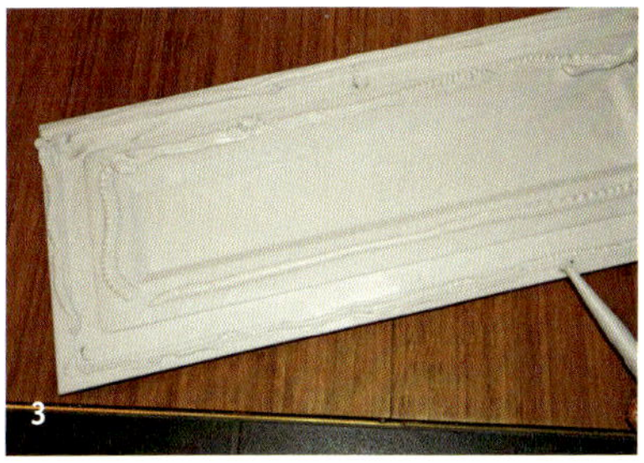

Schritt für Schritt

Individuelle Möbelflächen

1. Schrankmontage aus bereits beschichteten MDF-Platten (Mitteldichten Faserplatten). *Tipp*: Die Dimensionen der Türen auf die Paneele und Umrandung der Lisenen zuschneiden.

2. Montage einer Sockelbasis, die den Anschluss zu einem umlaufenden Wandprofil bildet. *Tipp*: Als Material für Schrankapplikationen bieten sich Werkstoffe aus gehärtetem Polystyrol wegen ihrer besonderen Schlagfestigkeit an.

Eine dekorative Alternative zum Gehrungsschnitt für den Deckenanschluss und die horizontale Verbindung sind geometrische Kartuschen.

3. Verkleben der Basis und der Kartusche, danach das Wand- und Sockelprofil zwischen den beiden Elementen einsetzen. *Tipp*: Für die Verklebung auf glatten und nicht saugenden Untergründen eignet sich ein Montagekleber mit hohen Adhäsionskräften am besten.

4. Die unteren beiden Türflächen in sechs symmetrische Felder gliedern und mit Wandpaneelen verkleiden.

5. Die oberen Türflächen bilden mit einem umlaufenden Profilspiegelrahmen aus 45-Grad-Gehrungschnitten eine Spiegelfläche, die für die nachträgliche Gestaltung vorgesehen ist.

Gestaltung von Küchenmöbeln

Kassettierung auf Waschtisch-Unterschränken

Tresen aus Wandprofilen unterschiedlicher Ornamentik

Wandschrank mit Kassettenapplikationen

Imitation eines alten Bücherregals mit anschließender Kaminbrüstung

Säulen

Säulen sind starre, relativ schlanke Konstruktionselemente und Tragwerksglieder, die bereits in der antiken Architektur Verwendung fanden. Eine Säule besteht aus drei Komponenten, die in einem bestimmten Verhältnis zueinander stehen. Der größte Teil der Säule ist der Säulenschaft, der glatt oder kanneliert sein kann. Die Basis, der untere Teil der Säule, wird oft besonders gestaltet und als architektonische Einheit betrachtet. Den oberen Abschluss einer Säule bildet das Kapitell, es nimmt die Last des Gebälks auf und wird wie die Basis üppiger geschmückt. Man unterscheidet fünf klassische Säulentypen, auch Säulenordnungen genannt. Sie sind durch die Länge und den Durchmesser am Fuß der Säule bestimmt. Im antiken Griechenland entwickelten sich die dorische, ionische und korinthische Ordnung, zu ihnen traten in der römisch-antiken Kunst die komposite und die toskanische Ordnung.

Zur gestalterischen Bereicherung von Innenräumen im klassizistischen Stil dienen vornehmlich Blendsäulen, die an einer Wand vorgeblendet sind. Sie wirken wie Pilaster in den festen Mauerverband integriert.

Ionische Säule

Dorische Säulen

Viellagige Malerei mit eigens entworfenen Ornamenten verleiht dem Stuck und den Säulen die Anmutung von Alterspatina und Mittelalter; Gewölbegang im Luxushotel Santa Isabell im Europa-Park. Wandmalerei von Johannes Klinger und Team, Stuck von Uwe Marco

Kannelierte Säule ohne Bauchung

Schritt für Schritt

Montage einer Blendsäule mit Basis und Kapitell

1. Basis des Säulenschaftes mit der Wasserwaage ins Lot setzen und an der Wandfläche mit Montagekleber befestigen. *Tipp*: Bei unebenen Bodenflächen eignen sich Keile sehr gut zum Ausgleichen.

2. Säulenschaft an der Basis und an der Wandfläche mit Klebespachtel verkleben. *Tipp*: Im Altbau mit seinen unebenen Wandflächen ist ein gefüllter Montagekleber von großem Nutzen. *Tipp*: Die Fugenbereiche bei PU-Säulen mit Stoß- und Fugenkleber zusätzlich verkleben.

3. Kleberauftrag Kapitell mit Montage.

4. Nach der Montage der Säulenelemente die Wandanschlussfuge mit Klebespachtel ausspritzen und anschließend mit der Japanspachtel modellieren.

5. Anschluss zum Boden mit Silikon ausfugen.
Tipp: Blendsäulen eignen sich hervorragend um Rohre, Wasserleitungen und andere Installationen zu kaschieren.

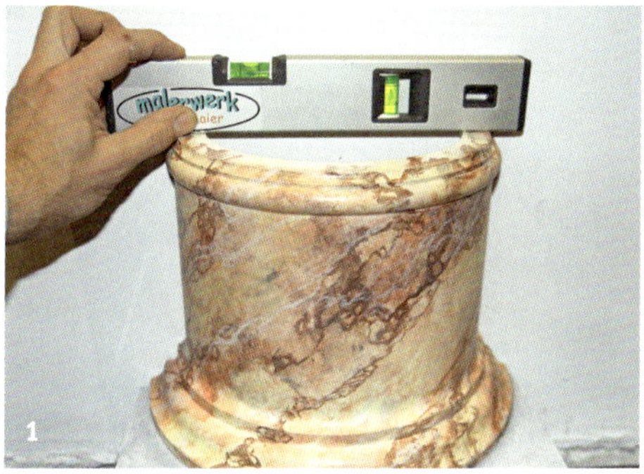

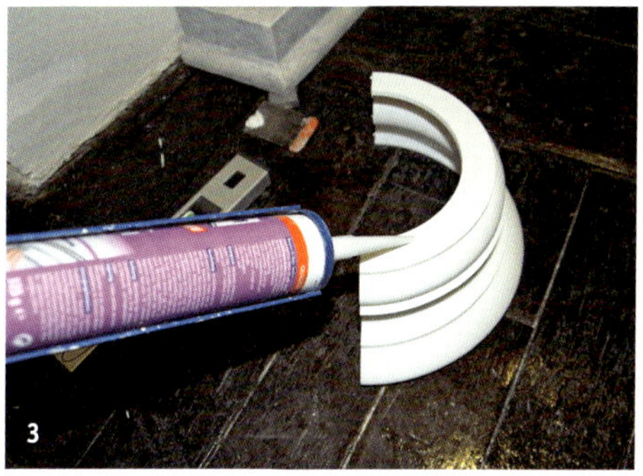

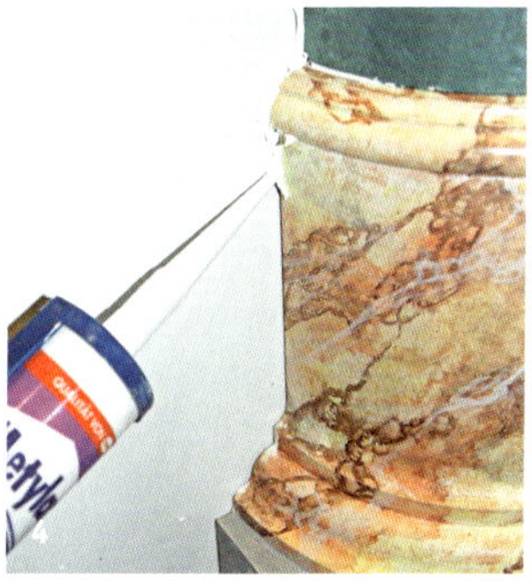

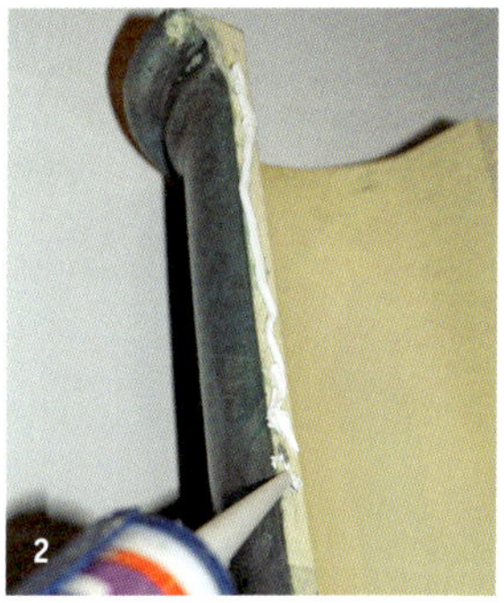

Flächengestaltung mit Pilastern

Pilaster haben, ähnlich wie die Blendsäulen, für die Architektur eher selten statische Funktion, sie sind sehr oft Objekte der Scheinarchitektur. Sie stehen traditionell im festen Mauerverband mit der Wandfläche und bilden somit ideale Voraussetzungen für deren Gliederung. Sie treten wie Lisenen etwas hervor und stehen oft im Zusammenhang mit Bögen oder Gesimsen. Im Gegensatz zu Lisenen haben Pilaster Basis und Kapitell, sie waren bereits in der Antike eines der gebräuchlichsten Gliederungsmittel.

Pilaster

Schritt für Schritt

Montage eines Pilasters mit Basis und Kapitell

Die Pilastermontage erfolgt von oben nach unten, was den Vorteil hat, dass sich die Höhe der Basis sehr genau bestimmen lässt.

1. Kapitell an der Wand und Deckenfläche mit Montagekleber befestigen und mit der Wasserwaage ins Lot setzen.

2. Die Verlaufslinie des Säulenschaftes mit einem Senklot ausloten.
***Tipp*: Die Schlagschnur als Senklot verwenden und Schnurschlag anreißen.**

3. Montage des Säulenschaftes, zusätzliches Fixieren mit Stahlnägeln an der Unterkante sichert den Säulenschaft vor dem Abrutschen.

4. Die Basis des Säulenschaftes stürzen und die Schnittlinie markieren.
***Tipp*: Ca. 3 Millimeter Klebefuge berücksichtigen.**

5. Die Basis schneiden und verkleben. *Tipp*: Zwischen allen Pilasterelementen mit Naht- und Stoßfugenkleber arbeiten, um nachträglich auftretende Fugenrisse zu vermeiden.

6. Der verklebte Pilaster kann nach Abschluss der Montagearbeiten nun ringsum mit Klebespachtel verfugt werden.

Flexible Profile

Der Einsatz von Wand- und Eckprofilen ist nicht nur für gerade Flächen geeignet, sondern auch für komplexere Raumgegebenheiten wie runde Mauervorsprünge, Erker und Treppenabgänge einsetzbar. Biegsame Profile passen sich nahezu jeder Kontur an und ermöglichen perfekte Lösungen.

Flexible Wand- und Sockelprofile
Flexibles Sockelprofil

Verarbeiten flexibler Profile

Vor der Montage von flexiblen Wand- und Eckprofilen sollte man die Bögen und Rundungen auf dem jeweiligen Bauteil genau aufreißen. Die Vorgehensweise ähnelt der bei starren Leisten, mit dem Unterschied, dass auch Segmentbögen oder Kreise auf Wand- und Deckenflächen konstruiert werden müssen. Oft ist die Konstruktion schwieriger als die Montage selbst. Das liegt zum einen an den großen Dimensionen der Rundungen, die mit herkömmlichen Zirkeln nicht

Schritt für Schritt

Montage flexibler Sockelleisten

1. Rundung ausmessen beziehungsweise rechnerisch ermitteln. *Tipp*: **Meterstäbe aus Kunststoff eignen sich aufgrund ihrer Biegsamkeit besonders für die Messung in Rundungen.**

Eine zweite Möglichkeit: Das flexible Profil in der Rundung ohne Verklebung fixieren und die Schnittkante anreißen.

2. Nach dem Schnitt des Profils der Montagekleber (hochgebundener Kleber mit hoher Adhäsion) aufgetragen. Der Fugenbereich sollte zur Sicherheit mit einem PUR-Konstruktionskleber versehen werden.
Tipp: **Flexible, flache Sockelprofile lassen sich auch mit einem Cuttermesser anritzen und an der Einschnittstelle brechen.**

3. Bilden eines Außeneckenanschlusses aus einem starren Profil mit der auf Gehrung gesägten flexiblen Leiste. Beide Profile mit Konstruktionskleber im Fugenbereich befestigen.

4. Stöße mit Klebespachtel füllen und nach dem Durchtrocknen schleifen und beschichten.

5. Fertige Sockelmontage.

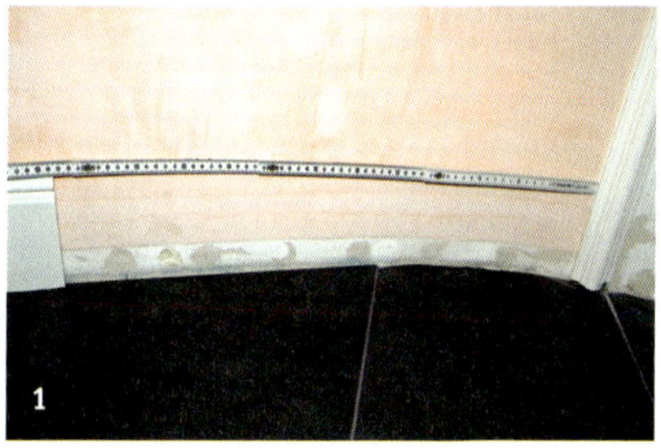

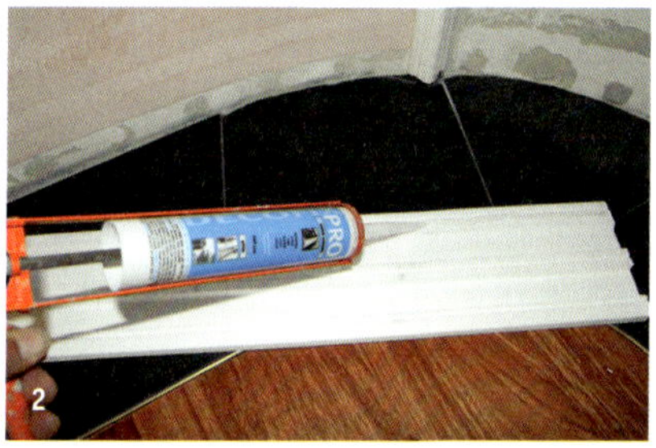

mehr bewältigt werden können, zum anderen an der Konstruktion der Flächengliederung an sich. Einfaches Hilfsmittel ist ein Nagel im Kreismittelpunkt zur Befestigung einer Schnur, mit der beliebige Radien gezogen werden können. Je ausgefeilter die geometrischen Formen sind, desto anspruchsvoller ist natürlich auch die Konstruktionsarbeit.

Aber auch hier gilt: Ist der Raum erst einmal gegliedert, lassen sich flexible Profile problemlos montieren. Zu beachten ist nur, dass der Montagekleber nicht auf das Profil aufgetragen wird, sondern auf den Untergrund selbst. Es ist bei weitem einfacher, ein Wandprofil in ein Klebebett einzulegen und zu montieren, als den Kleber auf die flexible Profilleiste aufzutragen und diese zu verarbeiten.

Flexible Profile sollten bei Bedarf mit Drahtstiften leicht fixiert werden, Eckprofile können auch zusätzlich mit dünnen Leisten, die an der Unterkante des Profils in der Wand befestigt werden, vor dem Abrutschen gesichert werden. Somit ist auch eine saubere fortlaufende Linienführung gesichert.

Flexible Segmentbogen im Mauerwerk

Die flache Bauweise eines Segmentbogens hebt die optische Überspannung von Durchgängen, Unterkonstruktionen oder Wandbildern im Mauerwerk. Der Krümmungsradius des Bogens kann mit einem flexiblen Profil nachträglich betont werden und verleiht der überspannten Öffnung ein plastisches Aussehen mit realistisch wirkender Profilierung.

Korinthische Säulen rahmen die Verbindung von klassischer Illusionsmalerei und Dekorelementen aus Stuck.

Schritt für Schritt

Montage eines Segmentbogens

1. Winkelfunktion zum Säulenschaftanschluss abnehmen und auf die Gehrungslade übertragen.

2. Das flexible Profil in der Gehrungslade justieren und langsam sägen. *Tipp*: Elastische Profile lassen sich auch mit einem Cuttermesser anritzen und an der Schnittlinie brechen, was sich allerdings nur bei Schnitten anbietet, die nicht in der Gehrungslinie verlaufen.

3. Im Stoßfugenbereich und auf der Rückseite des Profils hochgebundenen Montagekleber auftragen; Klebespachtel sind für die Montage weniger geeignet, da eine hohe Adhäsionskraft zum glatten Untergrund notwendig ist.

4. Das Profil mit wenig Druck am Untergrund fixieren, um es in die Biegelinie des Segmentbogens schieben zu können.

5. Die Stoßfuge mit einem Stoßfugenkleber versehen und das Profil zur Sicherheit mit einem Stahlnagel fixieren. *Tipp*: Kombiverklebung mit Stoß- und Montagekleber ausführen.

6. Überschüssiges Klebermaterial mit der Japanspachtel entfernen und den Fugenbereich mit Wasser vorsichtig verwaschen.

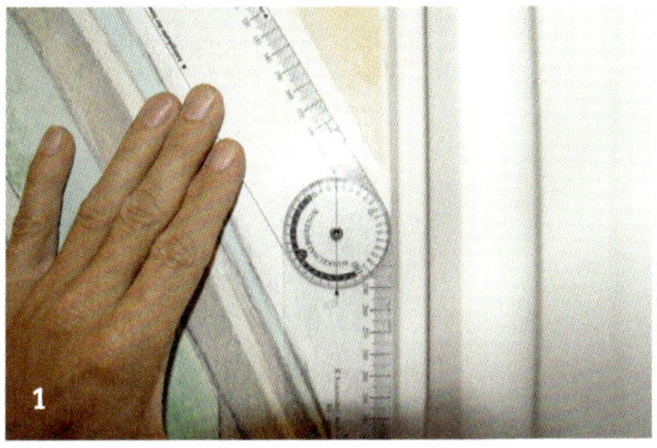
1

5

2

5

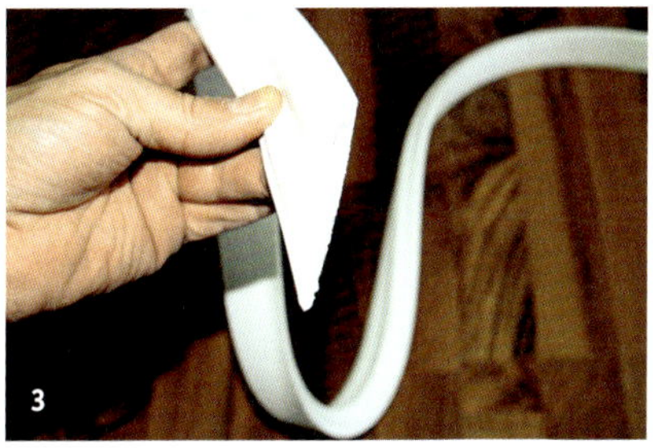
3

6

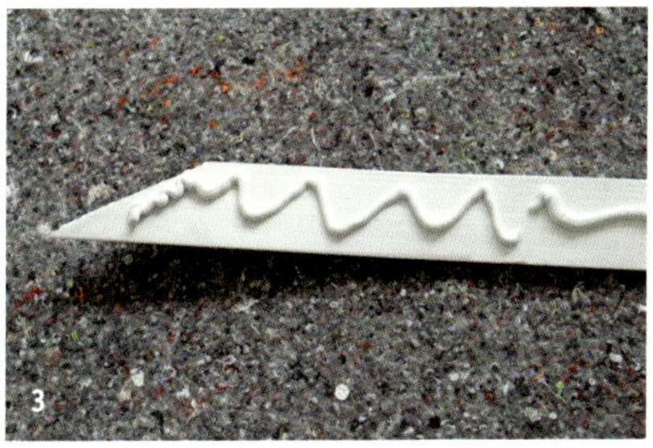
3

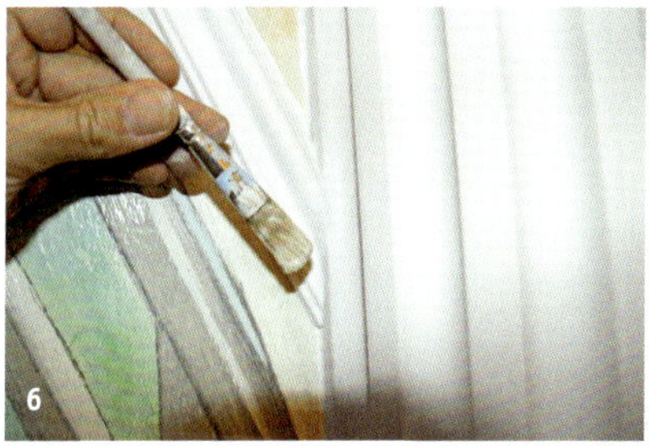
6

4

Durchgang mit Rundbogen

Der klassische Durchgang mit Rundbogen oder Kreisbogen ist auch in modernen Bauwerken häufig zu sehen. Sein Bogen ist meist sehr einfach und geometrisch konzipiert. Doch oft wird er recht stiefmütterlich behandelt, gar nicht als schmückendes Detail erkannt.

Optisch aufwerten kann man solche Bogenkonstruktionen durch die Montage von Wandprofilen in Form der Bogenlinie und das nachträgliche Anbringung eines Sockels. Der ursprüngliche minimalistisch verzierte Durchgang verwandelt sich damit in ein erhabenes Portal.

Durchgang unbearbeitet

Schritt für Schritt

Montage eines Rundbogenprofils

1. Aus Karton eine Schablone anfertigen, die die Form des Sockelanschlusses am Säulenschaft und den Wandanschluss wiedergibt.

2. Die Schablone auf das Sockelelement übertragen und mit der Stichsäge aussägen.
Tipp: Die Einstellung der Sägegeschwindigkeit sollte reduziert werden, um ein Verschmelzen der Naht zu vermeiden.
Das Sockelelement mit einem Montagekleber am Wand- und Bodenanschluss montieren.

3. Ein flexibles Profil um den Rundbogen mit Stahlstiften vorübergehend provisorisch fixieren und nicht verkleben.
Tipp: Die Radiuslänge kann auf diese Art einfacher bestimmt werden und muss nicht errechnet werden.

4. Zum Wandanschluss das Profil im Winkel sägen und anpassen.

5. Sämtliche Profile mit Montagekleber verkleben und zusätzlich mit Stahlstiften fixieren. Die Nahtbereiche zusätzlich mit Nahtstellenkleber füllen.

Durchgang fertiggestellt

Kreisrunde Flächengliederung

Der Kreis, unter anderem auch Symbol für Sonne oder Mond, hat einen hohen Aufmerksamkeitswert. Er steht für Aufgeschlossenheit, Stabilität und Ruhe. Kreisflächen haben die Eigenschaft, einen deutlichen Kontrast zum Rechteckformat einer Fläche zu setzen. Die runde, geschlossene Form enthält etwas Weiches und Gefälliges, sie wirkt ruhig und umschließend. Da der Kreis in der Fläche optisches Gewicht hat, muss man ihm einen wirkungsvollen Freiraum lassen. Kreise auf Deckenflächen bieten sich oft für Dekore wie Sternen- und Wolkenhimmel, für Lichtgestaltungen oder vergoldete Flächen an.

Schritt für Schritt

Montage eines flexiblen Deckenprofils

1. Den Umfang des Kreises an der Deckenfläche anreißen. *Tipp*: **Der Umfang sollte den Innenkreis des Profils ergeben, die Hilfslinie erleichtert die Montage des flexiblen Profils und sichert den richtigen Verlauf.**

2. Die flexiblen Profile auf den abgewickelten Umfang zuschneiden. Bei breiteren Profilen muss wegen der Stauchung eine Toleranz einkalkuliert und dementsprechend mehr Länge zugegeben werden.

3. Profilstränge mit einem Konstruktionskleber zu einem geschlossenen Kreis verkleben und auf der Rückseite mit einem Klebeband fixieren, um das Verrutschen der Stoßfuge zu verhindern. *Tipp*: **Als Fixierung kann auch ein stark haftendes Teppichbodenklebeband verwendet werden.**

4. Nach gutem Durchtrocknen der Verklebung überschüssige Klebereste mit dem Cuttermesser entfernen und den Stoßbereich mit Schleifpapier plan schleifen. *Tipp*: **Vor der Montage den Innendurchmesser des flexiblen Kreises noch einmal überprüfen! Dieser verringert sich je nach Profilbreite noch etwas und kann je nach Breite des Profils stark variieren: Stauchung.**

5. Den Montagekleber auf die Deckenfläche und das Profil satt auftragen. *Tipp*: **Die Montage sollte von zwei Personen vorgenommen werden.**

6. Das Profil in das Klebebett an der Hilfslinie entlang einlegen und verkleben. *Tipp*: **Bei breiteren und schwereren Profilen empfiehlt sich zusätzliches Fixieren mit Drahtstiften.**

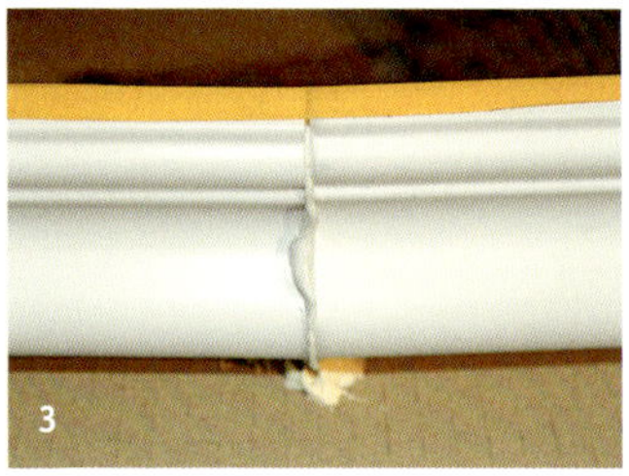
3

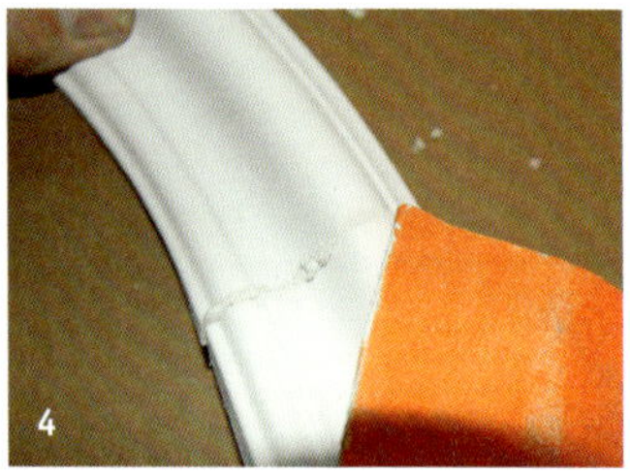
4

4

5

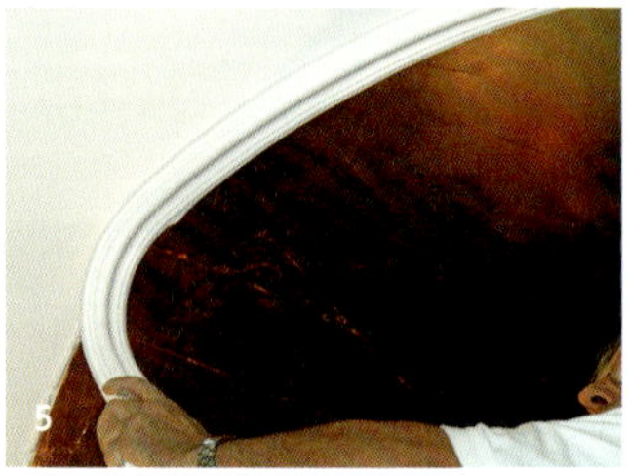
5

6

Beleuchtung in Profilen

Um Wände und Decken in einem durchdachten Spiel von Licht und Schatten zur Geltung zu bringen, bedarf es einer bis ins kleinste Detail entwickelten Lichtgestaltung. Und längst ist es möglich, unterschiedliche Licht-Technologien in Stuckelementen zu installieren. Diese Installation in Profilen dient allerdings nicht der Beleuchtung von Räumen, ist vielmehr eine dekorative Inszenierung. Dabei liegt der besondere Reiz im Zusammenspiel von Licht und Oberflächenform und Kanteneffekt der Profile sowie in der intelligenten Kombination unterschiedlicher Materialien, speziell an der Schnittstelle zwischen Lichtgestaltung mit LED und dem Einsatz von Sockelprofilen. Indirekte Beleuchtungssysteme in Eckprofilleisten schaffen ein wohltuendes warmes, konstantes Licht in lichtreflektierenden Gesimsen. Dabei spielt es keine Rolle, ob man mit dem indirekten Licht die Decke fluten möchte oder nur ein dezent glimmender Lichtkranz erwünscht ist.

Indirekte Beleuchtung, integriert im Eckprofil

Lichtkranz mit Halogenbeleuchtung

Sockelbeleuchtung mit LEDs

LED-Technologie in Profilen

Vor mehr als hundert Jahren wurde die Glühbirne erfunden, und sie hat das gesellschaftliche Leben grundlegend verändert. Heute bedeutet die lichtemittierende Diode, kurz LED genannt, eine umwälzende Entwicklung für die Lichtgestaltung. Bekannt war der Einsatz von LED-Beleuchtung bisher in technischen Geräten, die mit ihrem roten, grünen oder weißen Licht den Betriebszustand signalisierten. Heute sind diese Leuchtmittel, die ihre Energie aus Halbleiterverbindungen schöpfen und Strom auf direktem Weg in Licht umwandeln, eine Innovationsquelle für die Lichtgestaltung. LED-Beleuchtung benötigt eine nur geringe elektrische Spannung, hat eine extrem lange Lebensdauer, ist stoßunempfindlich und erzeugt so gut wie keine Wärme. Diese Eigenschaften haben der LED-Beleuchtung ihren Weg auch in die Stuckprofilgestaltung geebnet. Die Anwendungsbereiche der LED-Montage sind überaus vielfältig, die Elektroinstallation kann immer hinter dem Profil verlegt werden und erfordert keinen großen Aufwand. LED-Beleuchtung in Sockelprofilen kann, abgesehen vom dekorativen Effekt, auch Fluchtwege kennzeichnen oder dezente Nachtbeleuchtung sein. Als farbige Lichtquelle in Sockelprofilen sind LED-Technologien heute bereits effizienter als jedes andere weiß gefilterte Leuchtmittel.

Frontale LED Beleuchtung

Schritt für Schritt

LED-Montage in Sockelprofilen

1. Abstände der Dioden und Mittelpunkte markieren.

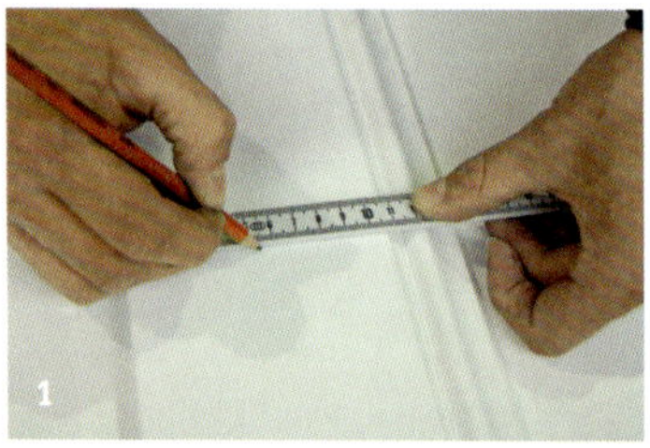

2. Mit einem Hohlraumdosenbohrer den Durchmesser der Beleuchtung bohren. *Tipp*: Die Drehzahl des Bohrers reduzieren, da Kunststoffe bei hohen Umdrehungszahlen zum Schmelzen neigen.

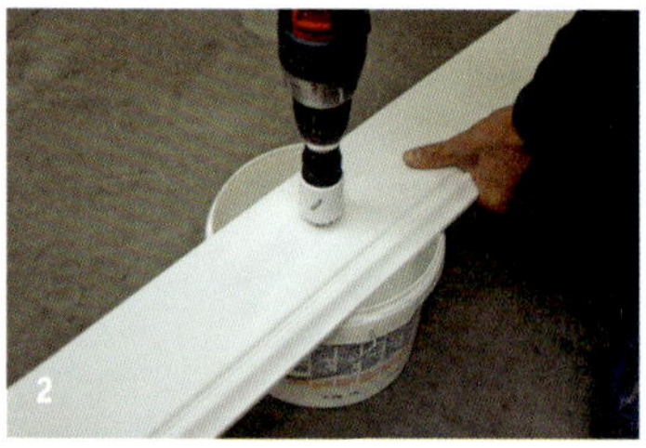

3. Das LED-Leuchtmittel im Sockelprofil einführen und befestigen. *Tipp*: Das Leuchtmittel kann punktuell mit Montagekleber befestigt werden, um einen sicheren Halt zu gewährleisten.

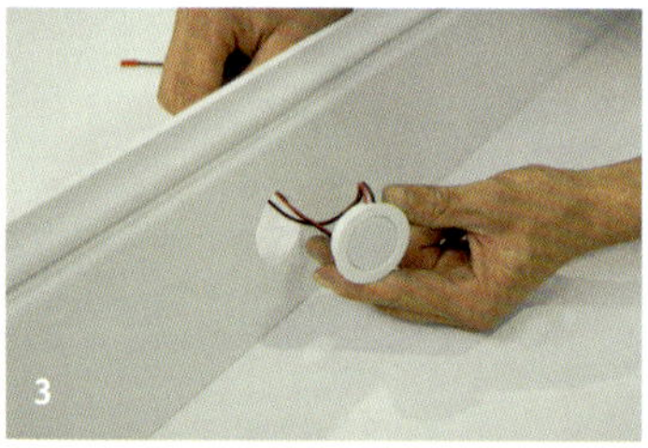

4. Den Trafo am Stromkreis anschließen und in der Hohlraumdose fixieren. *Tipp*: Die Stromquelle markieren, um den Trafo wechseln zu können. Aus Gründen der Sicherheit und der Gewährleistung sollten diese Arbeiten nur von einem Elektro-Fachmann ausgeführt werden.

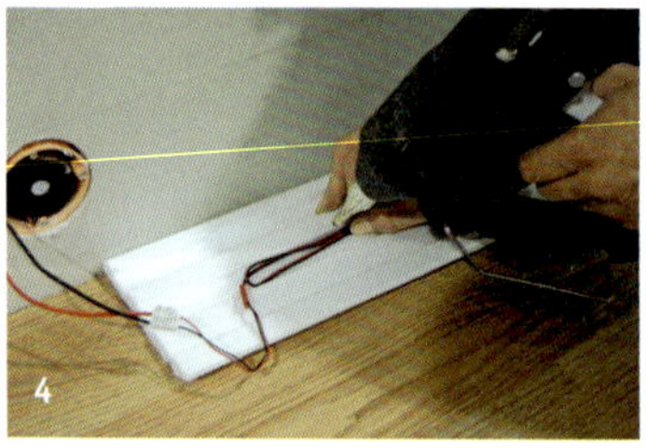

5. Wenn die LED-Anschlüsse befestigt und miteinander verbunden sind, kann das Profil mit Montagekleber an der Wand befestigt werden.

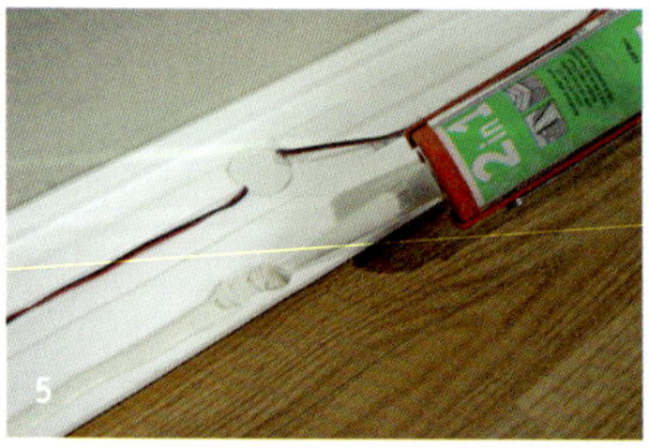

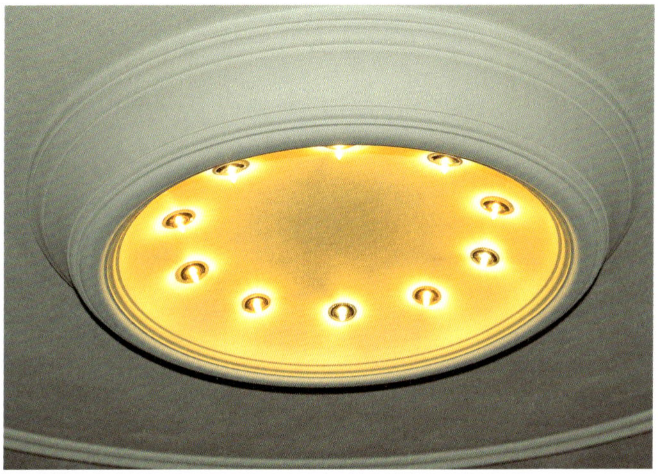

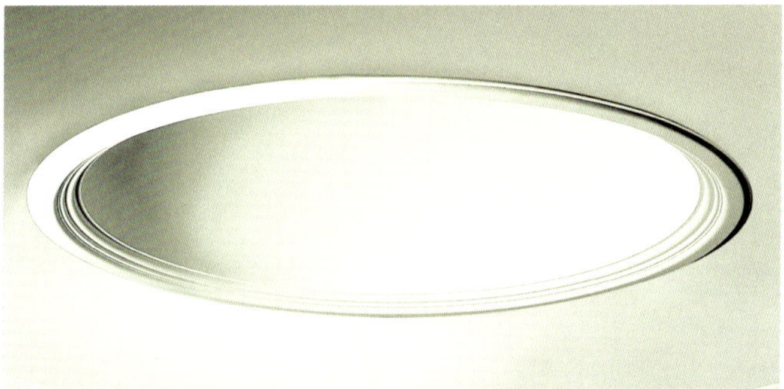

Deckendome und Kuppeln

Deckendome oder auch montagefertige Deckenkuppeln werden in der Regel aus PUR-Profilen hergestellt; sie sind, wenn auf Beleuchtung verzichtet wird, ohne großen Aufwand zu verarbeiten. Die Durchmesser variieren von 75 bis 132 Zentimeter, und sie unterscheiden sich von Deckendomen, die direkt auf flache Untergründe montiert werden können, und Domen, die einen Kreisausschnitt in der Deckenfläche benötigen. Bei der zweiten Montagevariante entsteht eine kleine Kuppel mit 33 Zentimetern lichter Kuppelhöhe. Dome sind mit oder ohne Beleuchtung dekorative Deckenapplikationen und eine Alternative zu Rosetten.

Schritt für Schritt

Montage eines Deckendoms mit Beleuchtung

1. Position für den Deckendom festlegen, Trafo für die Niedervoltbeleuchtung an der Decke befestigen. Dübel für die Fixierung des Deckendoms setzen. *Tipp*: Vor der Montage ist ein Funktionstest sinnvoll, da der Trafo nach der Montage des Deckendoms nur noch schwer zugänglich ist. Entfernen der Klebefuge.

2. Auf der Rückseite des Deckendoms einen Kreis ziehen, auf dem die gewünschte Anzahl der Bohrungen für die Spots markiert wird.
***Tipp*: Den Durchmesser des Deckendoms rückseitig halbieren, eine Schraube fixieren, um die Schraube mit einer Schlagschnur einen beliebig großen Kreis ziehen. Der Durchmesser mal 3,14 ergibt den Umfang. Den Umfang durch die gewünschte Anzahl der Spots teilen und am Kreisumfang abtragen.**

3. Nach dem Einteilen der einzelnen Segmente mit einem Hohlraumdosenbohrer die Öffnungen für die Deckenspotmontage bohren.

4. Beleuchtung mit Verkabelung installieren und am Strom anschließen. *Tipp*: Elektroanschlüsse nur vom Fachmann durchführen lassen.

5. Montagekleber in die Klebefuge des Deckendoms satt auftragen, Dom an der Decke verkleben und zusätzlich mit der mittig gesetzten Schraube befestigen. *Tipp*: Die Schraube kann nach Abbinden des Montageklebers entfernt werden, das Schraubenloch kann gespachtelt werden. Der Deckendom ist nur noch am Untergrund verklebt und kann bei Bedarf wieder entfernt werden, indem die Klebefuge aufgeschnitten wird.

6. Nach der Montage kann der Deckendom beschichtet, und nach Durchtrocknung können die Spots installiert werden.

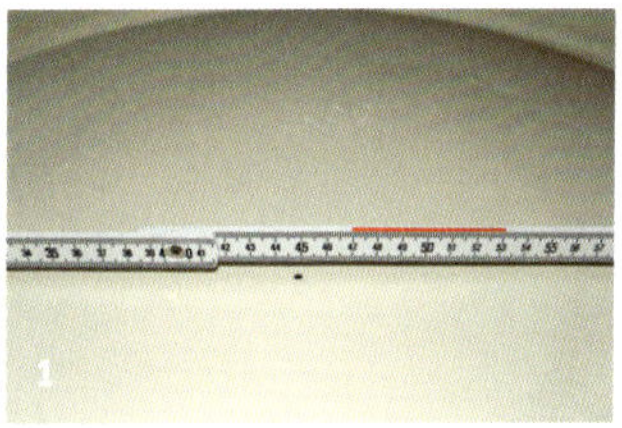

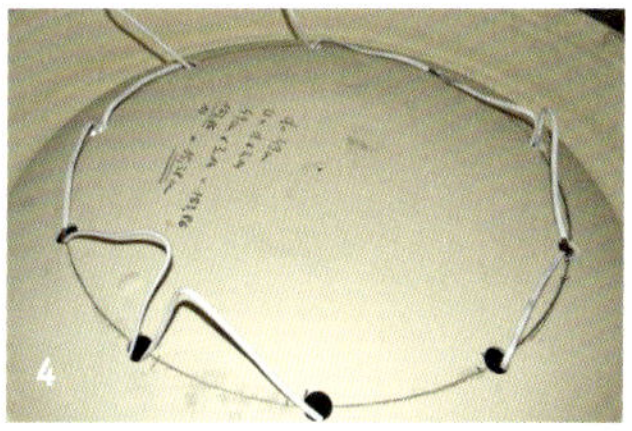

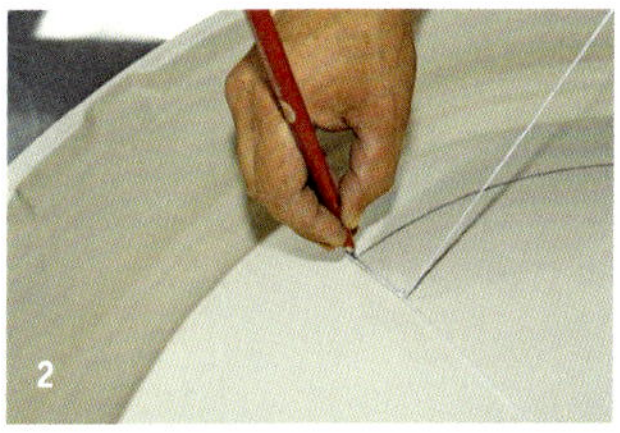

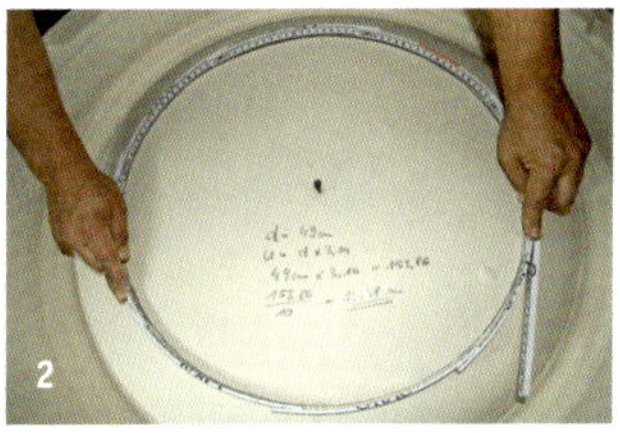

Eckprofilbeleuchtung

Das sensible Spiel von Licht und Schatten schafft individuelle Wohnlichkeit. Eine klassische Variante ist das Installieren einer Leuchtstoffröhre in einer Eckprofilleiste wodurch überraschende Beleuchtungsakzente entstehen.

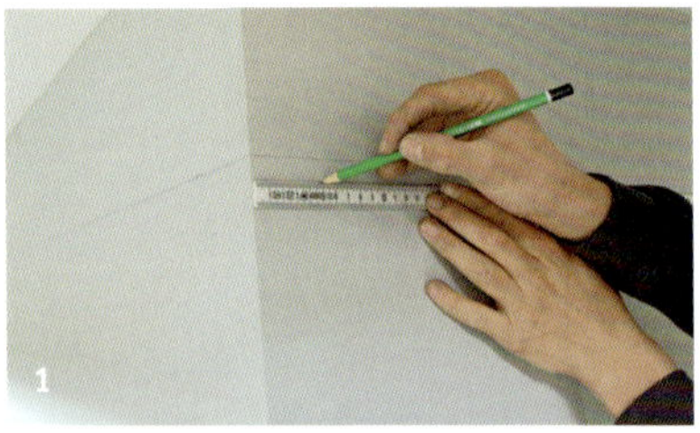

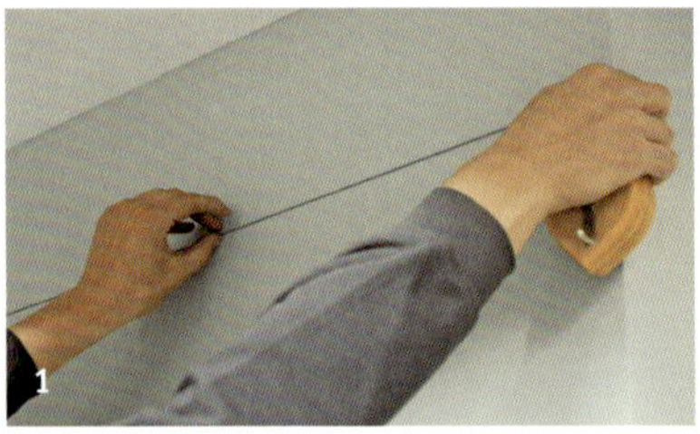

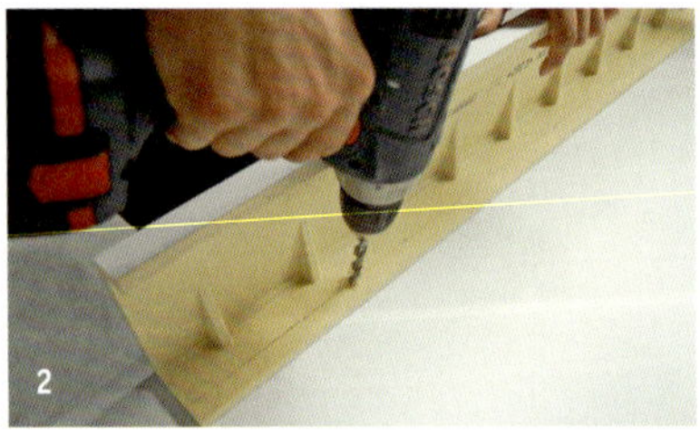

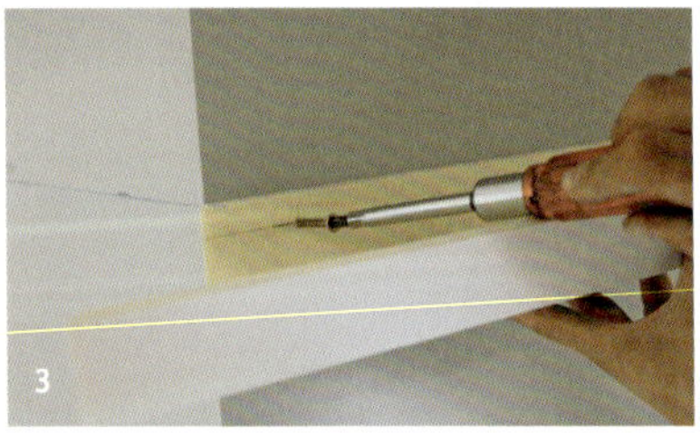

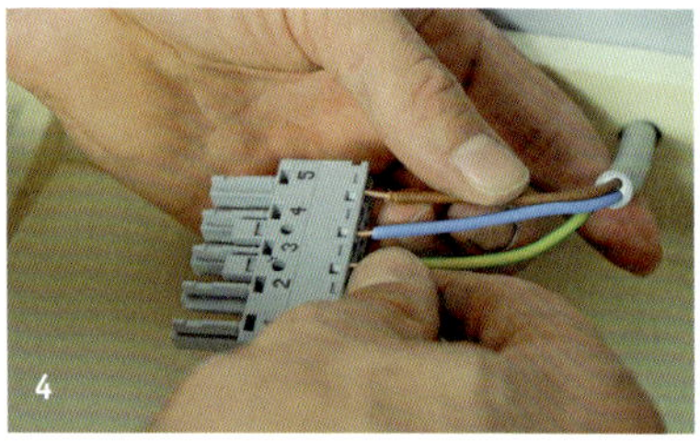

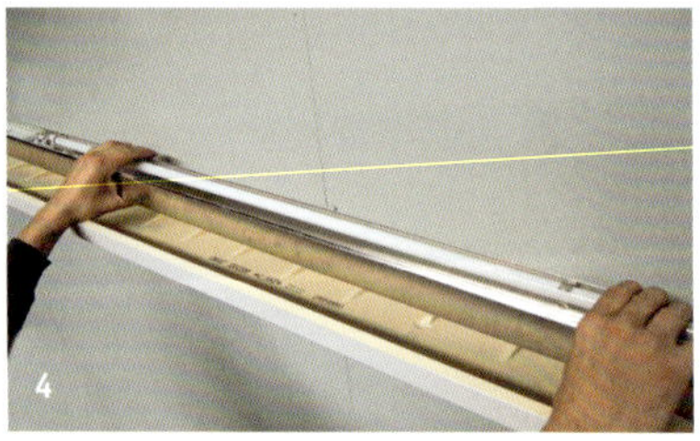

Schritt für Schritt

Montage einer Eckprofilbeleuchtung

1. Anreißen der Montagehöhe des Profils. *Tipp*: Die Montage der Profilleiste sollte nicht zu knapp an der Deckenfläche erfolgen, da es jederzeit möglich sein sollte, das Leuchtmittel auszuwechseln.

2. Profile die mit einem Beleuchtungssystem versehen werden, müssen zusätzlich zur Verklebung verschraubt werden. Das Befestigungssystem sollte dem jeweiligen Untergrund angepasst werden. Der Abstand der Verschraubungen untereinander sollte nicht weniger als 50 Zentimeter betragen. Zusätzliches Verkleben der Profilleisten mit Montagekleber erhöht die Haftung am Untergrund.

3. Nach den Vorarbeiten erfolgt die Profilmontage in gewohnten Schritten mit Verschrauben an der Wandfläche.

4. Sobald der Montagekleber gut durchgetrocknet ist, kann mit der Beleuchtungsmontage begonnen werden. Wichtig: Elektroanschlüsse dürfen aus Sicherheitsgründen nur von einem autorisierten Elektroinstallateur ausgeführt werden.

Downlight-System

Downlight – Einsatz von Unterputzsystemen

Downlights können Räume aufwerten und die Lichtverhältnisse verändern. Mit dem Einbau von Unterputzsystemen lassen sich besonders raffinierte Effekte erzielen, die bereits bei der Projektierung von Trockenbauwänden oder größeren Umbaumaßnahmen eingeplant werden sollten. Vorteile dieser Systeme sind, dass sie eine ebene Fläche mit der Wand bilden und zugleich eine stimmungsvolle Lichtwirkung im unteren Drittel der Wand entstehen lassen. Durch den offenen Lichtschlitz wird der Lichtkegel dezent auf den Boden oder zur Deckenfläche gelenkt, ohne dass man dabei von dem Lichtausschnitt geblendet wird. Downlights sind mit ihren geradlinigen, schlichten Formen sehr modern anmutende Gestaltungselemente.

Schritt für Schritt

Montage eines Downlightsystems in Trockenwänden

1. Downlightschale in die Unterkonstruktion der Alu-Profile montieren und die Elektroinstallation zum Unterputzsystem führen.

2. Nach der Montage der Trockenbauplatten den Kantenbereich der Schale mit Füllstoff planspachteln und die Wandflächen beschichten.

3. Installation der Elektrotechnik und der Beleuchtung. Abdeckung des Leuchtmittels mit einer Acrylglasplatte. *Tipp*: Das Downlight kann nach oben strahlend wie auch nach unten strahlend montiert werden.

1

2

3

Indirekte Lichtgestaltung mit Beleuchtungsschalen

Einfache Montage für Beleuchtungsschale

In Wohnräumen sind Anschlüsse für Beleuchtungskörper überwiegend in der Mitte der Zimmerdecke vorgesehen. Zumeist reicht die Installation an dieser Stelle für ein ausgewogenes, gedämpftes Lichtambiente nicht aus. Sie wirkt zu wenig differenziert, zu sehr konzentriert auf den zentralen Mittelpunkt des Raums. Lichtgestaltung mit Beleuchtungsschalen aus schlagfestem Polystyrol hingegen verleiht Wandflächen zusätzliche Struktur und Tiefe. Das gedämpfte Licht nivelliert die Silhouetten der Wandgestaltungen und der Accessoires. Warmtoniges, leicht orangefarbenes Licht lässt mehr Freundlichkeit und Wärme entstehen. Die Elektroinstallationen für Beleuchtungsschalen lassen sich bequem hinter Wand- und Eckprofilen montieren, aufwendige Installationsarbeiten entfallen.

Beleuchtungsschalen in den unterschiedlichsten Variationen sind auch ideale Untergründe für kreative Oberflächengestaltungen. Als kleines Schmuckstück in der Fläche kann es aufwendig vergoldet, marmoriert, patiniert und bemalt sein. Wandleuchten wirken mit ihren unterschiedlichen Formen dekorativ und ziehen die Aufmerksamkeit ihres Betrachters auf sich.

Bemalte Fosillienleuchte

Blattgoldleuchte

Sgraffitoleuchte
Gesteinsimitationsleuchte
Dekorlasurleuchte
Moderne Wandleuchte

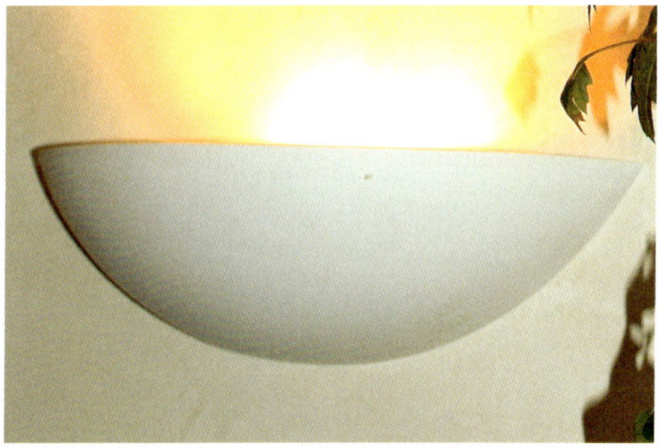

Oberflächengestaltung

Beschichtung von Kunststoffen

Der Begriff »Kunststoff« bezeichnet eine Vielzahl hochmolekularer organischer Werkstoffe. Eine Unterteilung kann nach verschiedenen Kriterien erfolgen; für die Beschichtung von Profilen aus Kunststoffen ist die Einteilung nach Eigenschaften wichtig: chemische Zusammensetzung, Härtegrad und Einsatzbereich des Kunststoffs.
Die unglaubliche Vielfalt synthetischer Stoffe macht es nicht leicht, den richtigen Beschichtungsstoff zu finden. Da Kunststoffe nicht nur zum Schutz vor Alterung, sondern auch aus optischen Gründen beschichtet werden, sind in erster Linie Eigenschaft und Oberflächenbeschaffenheit des zu bearbeitenden Kunststoffs von Bedeutung. Ausgangsmaterial, Herstellungsverfahren und Beimischung von Additiven bestimmen die technischen Eigenschaften der Kunststoffe wie Formbarkeit, Härte, Elastizität, Bruchfestigkeit, Temperatur- und chemische Beständigkeit. Das Wissen darüber ist die Grundlage für die Auswahl des richtigen Beschichtungsstoffes.

Kunststoffe werden beschichtet, um

- Profilteile farbig zu gestalten,
- die Oberflächen zu veredeln,
- den Oberflächenschutz vor mechanischen Einwirkungen oder Witterungseinflüssen zu verbessern,
- die Oberflächen gegenüber Laugen, Lösemitteln und Pflegemitteln beständig zu machen,
- Oberflächen-Schmucktechniken auszuführen.

Bei der Beschichtung von Kunststoffen ist zu beachten, dass

- nicht alle Kunststoffe beschichtungstauglich sind;
- Trennmittelrückstände zu Haftungsstörungen führen;
- zu glatte Oberflächen die Adhäsionskraft der Beschichtung verhindern;
- Weichmacher aus dem Kunststoff in die Beschichtung wandern und diese schädigen;
- Verdünnungsmittel des Beschichtungsstoffs den Kunststoff lösen;
- Anstriche auf Silikatbasis keine Haftung auf Kunststoff haben.

Überstreichbarkeit von Kunststoffen mit organischen Anstrichstoffen

Kunststoffart Beschichtung	Polystyrol	schlagfestes Polystyrol	starres Polyurethan	flexibles Polyurethan
Alkydharzlack, Polyurethanharzlack	-	+	+	+
2-K-Acrylharzlacke	-	+	-	-
PU-Wasserlacke	+	+	+	+
Dispersionslacke	+	+	+	+
Dispersionsfarben	+	+	+	+
Polymerisatharzfarben (lösemittelhaltig)	-	+	+	+
Silikatfarben (mit org. Zusätzen)	-	-	-	-
Putzgrund (Dispersionsbasis)	+	+	+	+
Silikathaftvermittler (mit org. Zusätzen)	+	+	+	+
	+ Geeignet	– Ungeeignet		

Haftgrundierungen auf Profilen

Da fast alle unsere Kunststoffe für die Profilverarbeitung mit einer Grund- oder Folienbeschichtung versehen sind, können Haftungsprobleme, verursacht von Trennmittelrückständen (Silikone), heute weitgehend ausgeschlossen werden. Der Arbeitsgang der Netzmittelwäsche entfällt daher.

Beschichtung mit Anstrichstoffen und Glättspachtelmassen auf Silikatbasis

Reine Silikatfarben oder Lasuren auf Silikatbasis bestehen aus Kieselwasserglas (Fixativ) und kaliwasserglasbeständigen Pigmenten. Aus der Mischung dieser beiden Komponenten entsteht eine reine Silikatfarbe oder eine Silikatlasur. Als Beschichtungsflächen ohne Vorbehandlung eignen sich nur mineralische Untergründe, auf denen der chemische Prozess der Trocknung (Verkieselung) stattfinden kann. Auf organischen Untergründen wie den Kunststoffen haben diese mineralischen Beschichtungen ohne Vorbehandlung keine Haftung. Daher gibt es speziell entwickelte Grundieranstriche auf Acrylbasis mit feinem Quarzanteil; sie bieten eine sichere Verbindung zwischen dem Kunststoff und der Silikatbeschichtung.

Silikatfarben

Stucco Fondo Arena

Quarzhaltiger Malgrund

Profilanschlussfugen zu Wand- und Deckenflächen

Profilanschlussfugen zu Wand- und Deckenflächen werden mit Abdichtungsmassen, die zum dauerelastischen Verfugen und zum nachträglichen Beschichten geeignet sind, gefüllt. Die Verarbeitung erfolgt, wie bei den Klebstoffen, mit Handdruckpistolen.

Für die Profilanschlussfugenabdichtung eignen sich am besten plastische Dichtstoffe (Spezialdichtstoffe auf der Basis von Butylkautschuk, Polyisobutylen und Acrylate). Am häufigsten werden Acrylate verwendet, und zwar ausschließlich für Anschlussfugen, nicht für Dehnungsfugen. Sie sind innerhalb einer vom Dichtungsstoffhersteller vorgeschriebenen Zeit überstreichbar. Elastische Dichtstoffe auf Silikonharzbasis sind für die Verarbeitung ungeeignet, da sie nicht überstreichbar sind und nicht überarbeitet werden können.

Für die Fugenabdichtung bieten sich auch der Klebespachtel oder stärker gefüllte Montagekleber an. Der Vorteil des Klebespachtels ist, dass er zum Ausspritzen der Fugen und zum Spachteln von Stößen in einem Arbeitsgang verwendet werden kann. Er trocknet schneller als Acrylat, und der Anstrichfilm reißt beim Trocknen des Klebers nicht so stark wie auf Acrylaten.

Profilanschlussfugen ergeben exakte Kanten zur Wandgestaltung

Schritt für Schritt

Erstellen von Anschlussfugen

1. Für das Abdecken hochwertiger und glatter Untergründe eignen sich am besten dichte und nicht zu stark haftende Abdeckbänder.

2. Fuge dünn mit einem Dichtstoff auf Acrylatbasis ausspritzen. Überschüssiges Material mit einer Spachtel entfernen.

3. Anschlussfuge mit etwas verdünntem Anstrichmaterial beschichten.

4. Abdeckbänder noch vor Abschluss des Trocknungsprozesses entfernen.

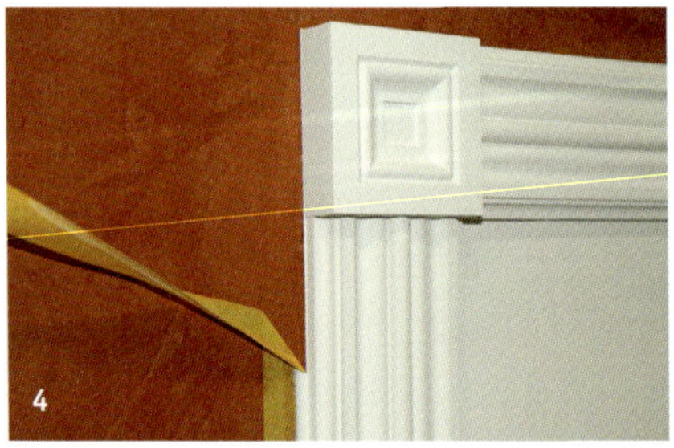

Unterschiedliche Reliefformen an Wand- und Deckenflächen bestimmen diesen Raum. Sie wirken nur durch ihren Schattenwurf, ohne jeden farbigen Akzent.

Reliefwirkungen

Die plastische Wirkung von Profilen und Profilelementen ermöglicht es auch, den Raum vom Relief ausgehend zu gestalten. Das Stuckprofil kann mit seiner erhabenen Form einen schmückenden Kontrast zur glatten oder homogenen Fläche erzeugen. Die Dreidimensionalität des Profils bewirkt auch ohne farbige Flächen dekorative Spannung. Andere Schmucktechniken treten bei der plastischen Gestaltung zugunsten der reinen Ornamentform in den Hintergrund.

Geometrisch gegliederte Flächen dominieren die Gesamtfläche mit ihrer Reliefartigkeit und wirken für sich. Je nach Höhe des Ornaments und der Profilierung unterscheidet man zwischen Flachrelief (der Flächencharakter bleibt erhalten) und Hochrelief (die Reliefstruktur hat stärkere Wirkung als die Fläche). Beim vertieften Relief wird die Form in die Tiefe des Materials gearbeitet.

Flachrelief

Hochrelief

Knallige Farben ins Profil gesetzt

Die Farbe in einem Raum wirkt fast nie für sich allein, sondern wird ganz wesentlich von farbigen Akzenten oder Elementen der Umgebung beeinflusst. Zur besonderen Betonung der einzelnen Flächen bieten sich Profilelemente in reinem Weiß an, die sich in dem zu gestaltenden Raum harmonisch eingliedern. Sie können variiert werden und durch Eingrenzen der Flächen im räumlichen Zusammenhang gezielt wirken.

Weiße Profile im Kontrast zu farbigen Wandflächen

Die eher unkonventionelle Gestaltung der blauen, grünen und gelben Wand lebt durch die harten Gegensätze des hellen Profils und der knallig-farbigen Gestaltung.

Zusätzliche Spannung entsteht durch die Licht- und Schattenwirkung der Profilierung. Die dominierenden Farben und die schlichten Profile lassen die funktionale zeitgenössische Architektur modern aussehen.

Patina auf Stuckelementen

Patina, die ein historisches Erscheinungsbild ergibt, lässt sich auf Kunststoffprofilen gezielt imitieren. Das weiße Profil wird mit einer Mischung aus helleren und dunkleren Farbtönen beschichtet, bevorzugt unbunten Farben erdigen und stumpfen Charakters. Die verschiedenen stumpfen Töne sorgen auf der Oberfläche für schattige Stellen, und auf diese Weise gewinnen die Strukturen an Plastizität.

Für die Patinierung von Kunststoffprofilen kommen in der Regel alle herkömmlichen Materialien und Verfahren zum Einsatz, die auch für die Patinierung von Gips-, Putz- und Holzuntergründen gebräuchlich sind. Öllasuren, mineralische Lasuren, Acryllasuren, Lasuren mit wachsgebundenen Pigmenten beispielsweise werden nach einer Grundbeschichtung mit verschiedenen Techniken in die Vertiefungen eingearbeitet.

Wichtig ist die Abstimmung von Untergrundvorbereitung und Patinierverfahren aufeinander. Für Untergründe aus Kunststoff bieten sich viele Patinierverfahren an; in der Praxis am schnellsten umgesetzt werden können die dekorative Patinierung, die Alterungspatinierung und die Verwitterungspatina.

Kapitell in dekorativer Patina

Dekorative Patina auf mineralischer Basis an einem Sockel

Mit Quarzsand und Minerallasur erzeugt die dekorative Patinierung, die Steinoberflächen nachahmt, eine individuelle, kunstvolle Wirkung. Jegliches Gestein lässt sich mit dieser Art der Gestaltung imitieren; die markanten Strukturen entstehen durch die Verwendung unterschiedlicher Werkzeuge.

Schritt für Schritt

Dekorative Patinierung eines Sockels

1. Nach den üblichen Vorarbeiten (Schleifen, Spachteln und Verfugen der Stöße) wird eine Grundbeschichtung aufgebracht: feinkörniger Putzgrund oder auch Lasurgrund auf Acrylatbasis mit einem feinen Quarzanteil, Materialien, die auch für die Grundbeschichtung bei mineralischen Spachteltechniken oder Lasurtechniken verwendet werden. Man sollte darauf achten, dass das Grundbeschichtungsmaterial nicht zu gleichmäßig aufgetragen wird, sondern in Kreuzgängen mit dem Pinsel in alle Richtungen vertrieben wird.
Tipp: Je feiner die Grundbeschichtung ist, desto stärker wirkt die Oberfläche wie Gips; bereits damit ist eine dekorative Oberfläche von gesteinsartigem Charakter entstanden.

2. Deckende Beschichtung mit oxidroter Silikatfarbe.

3. Wenn die Beschichtung durchgetrocknet ist, wird die mineralische Lasur (Silikatlasur Silber) mit einem weichen Flächenstreicher aufgetragen. Die wässrige Lasur dünn auftragen und in den Vertiefungen liegenlassen; überschüssiges Material kann später mit einem Naturschwamm oder Tuch abgetupft werden.
Tipp: Natürlich wirkende Gesteinseffekte erzielt man auch mit mineralischen Trockenpigmenten, gebunden in Fixativ und gemischt mit etwas Wasser.

4. Als Finish wird eine weitere Silikatlasur mit Goldglimmereffekt dünn aufgetragen und partiell wieder abgewischt.

1

2

3

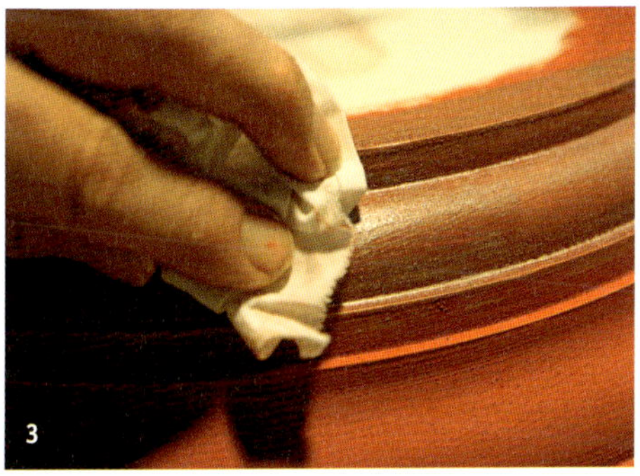

3

4

Alterungspatina auf Acrylat-Polyurethanharzlackbasis

Mit dieser traditionellen Patinierung möchte man eine klare, frisch aufgetragene Farbe auf einem Profil mit einem unbunten, erdigen Lasurfarbton abstumpfen und optisch altern lassen. Es entstehen schattige, schmutzig wirkende Stellen in den Vertiefungen; dunkle Sprenkel betonen zusätzlich die imitierte Alterspatina.

Volutenkapitell, patiniert und fein gesprenkelt

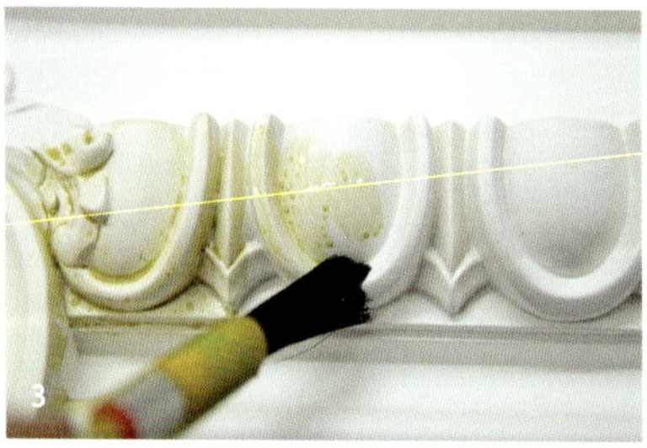

Schritt für Schritt

Alterungspatinierung

1. Mit einem feinen Schleifvlies in gewohnter Weise den Untergrund anpaden und entstauben. Für gespachtelte und unebene Stellen kann auch feines Schleifpapier (P 150) eingesetzt werden.

2. Als Grundbeschichtung dient ein mit Wasser verdünnbarer Polyurethanharzlack (seidenglänzend), der dick aufgetragen wird. *Tipp*: Die Strichstruktur sollte man noch erkennen können, da in den Vertiefungen die Lasur liegen bleibt.

3. Wenn der Trocknungsprozess des PU-Lacks abgeschlossen ist, wird eine dünne Lasur (PU-Klarlack SG, abgetönt mit einem Mischkonzentrat und mit Wasser stark verdünnt) mit einem weichen Pinsel aufgetragen.

4. Die noch nicht abgebundene Lasur mit einem trockenen, gut saugenden Tuch wieder abwischen; in den Vertiefungen bleibt sie liegen. *Tipp*: Für noch weichere Übergänge kann die Patina mit einem Dachshaarvertreiber vertrieben werden. In der Ornamentierung dunklere Schattenstellen einarbeiten.

5. Der Patinaeffekt lässt sich mit einer weiteren, dunkleren Lasur steigern, die wie angegeben (Punkt 2 und 3) aufgetragen wird. *Tipp*: Sprenkeln von stecknadelgroßen Punkten und kleine Fragmente von Gold ergeben zusätzliche Effekte.

Verwitterungspatina mit deckenden Anstrichmitteln auf Dispersionsbasis

Mit der Antikpatina erzielt man den Eindruck noch stärkerer Verwitterung als ihn die Alterungspatina erreicht. Als Beschichtungsmaterialien dienen hochwertige Innendispersionsfarben auf Acryl- und Polymerisatharzbasis. Gebrauchsspuren wie Schrammen, Farbabplatzungen oder auch Zerstörungen des Profils werden mit diesen Anstrichstoffen und einer individuellen Patiniertechnik geschickt nachempfunden. Das Schritt-für-Schritt-Beispiel zeigt eine Sondertechnik der Antikpatinierung, mit der ein stark abgewittertes Holzprofil imitiert wird.

Pilaster mit Verwitterungspatina

Schritt für Schritt

Verwitterungspatinierung

1. Auf eine Grundbeschichtung mit einer pastos aufgetragenen matten Innendispersionsfarbe – Vorarbeiten nicht vergessen! – wird eine weitere, helle Beschichtung trocken und streifig aufgetragen.
***Tipp*: Die Erstbeschichtung sollte einen dunkleren Umbrafarbton haben, um einen besseren Kontrast zum helleren Farbton zu ergeben.**

2. Wenn die Oberfläche gut getrocknet ist, lassen sich Gebrauchsspuren mit Schleifmittel oder Schleifvliesen einarbeiten. Der mechanische Abrieb legt die Erstbeschichtungen wieder frei und lässt den Charakter eines alten, aus Holz geschnitzten Pilasters entstehen.

3. Um die gesamte Fläche homogener erscheinen zu lassen, kann ein feiner Überzug mit einer leicht getönten Lasur das Finish bilden.

1

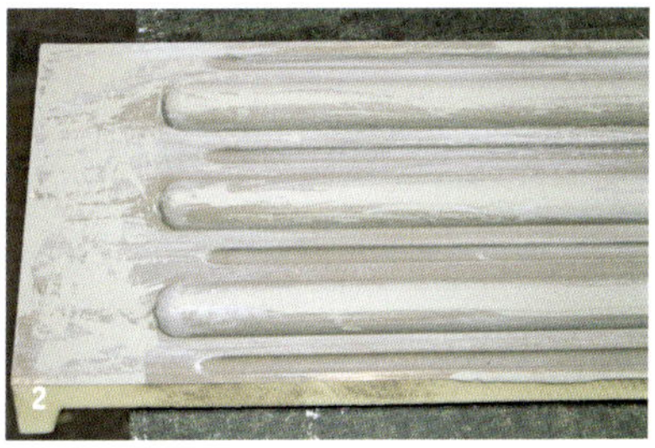

2

3

Holzimitation auf Stuckelementen

Die Nachbildung des natürlichen Maserwuchses von Holz setzte man häufig ein, wenn Naturholz nicht zur Verfügung stand, oder als Ersatz für fehlerhaftes oder schlechtes Holz. Man versuchte zunächst, Naturholz mit der Kammzugtechnik oder mit dem Kammstrich vorzutäuschen. Die Technik des Maserierens entwickelte sich stetig weiter bis zur Intarsienmalerei. Heute finden Holzimitationen auf flächigeren Kunststoffprofilen wie Kartuschen, Füllungen, Kassetten oder auch Säulenelementen ihren Platz, mit allen wesentlichen Merkmalen des Holzes wie Farbigkeit, Maserbild, Ast- und Wurzelausbildungen. Speziell für den Theater- und Filmkulissenbau ist diese Technik von großer Bedeutung, aber auch im gehobenen Wohnbereich gibt es eine Fülle von Einsatzmöglichkeiten der Holzimitation.

Maserieren, die Nachbildung von Holzstruktur

Anstrichstoffe für die Umsetzung dieser Imitationstechnik auf Kunststoffen sind Lasurfarben verschiedener Art; Öl-, Bier-, Alkydharzlasuren oder wasserbasierende PU-Acrylharz- und Dispersionslasuren zum Beispiel sind sehr wirkungsvoll. Die getrocknete Maserierung wird abschließend mit farblosen Lacken überstrichen, matt oder hochglänzend, je nach gewünschtem Effekt. Die Ausführung erfolgt mit Spezialwerkzeugen, etwa Strukturstempeln und Kämmen, langborstigen Pinseln (Schläger), Schablonen und Gummistiften.

Von einer homogenen Holzimitation spricht man bei gleichmäßigem Strukturbild ohne Astlöcher oder Jahresringe. Diese Technik bietet sich für eine ruhige und zurückhaltende Oberflächengestaltung an.

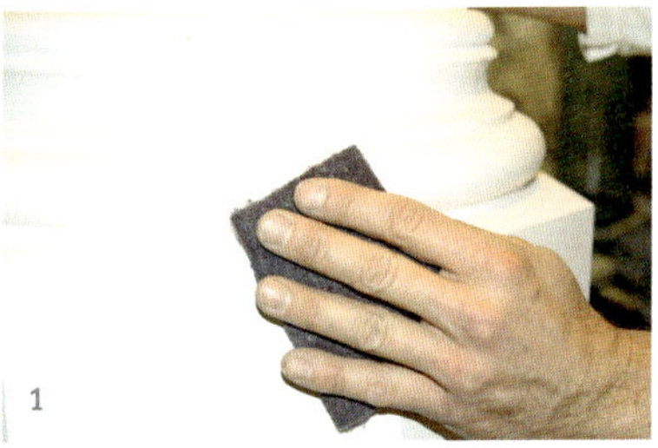

Schritt für Schritt

Imitation einer homogenen Bambusholzstruktur an einem Säulensockel

1. Untergrund mit einem feinen Schleifvlies anrauen und reinigen.

2. Die Flächen mit einer leicht deckenden, im Grundfarbton des Bambusholzes beigefarbenen Lasur auf Dispersionsbasis überziehen. *Tipp*: Ganz bewusst auf einen etwas ungleichmäßigen und streifigen Auftrag achten.

3. Wenn die Grundbeschichtung durchgetrocknet ist, folgt ein weiterer Lasurauftrag mit einer etwas stärker getönten Dispersionslasur.

4. Die noch nasse Lasur wird mit der Kammzugtechnik abgezogen und strukturiert.

5. Als Schlussbeschichtung zweimal wasserverdünnbaren PU-Siegellack auftragen.

Gesteinsimitation auf Stuckelementen

Natursteinimitation

Mineralische Spachtelmassen und Silikatmalerei eigenen sich aufgrund ihrer Materialeigenart zur Imitation von Marmor, Granit und anderen kalkartigen Natursteinen. Diese Imitationen finden sich vorzugsweise auf architektonischen Elementen wie Säulen, Pilastern, Kassetten, Nischen und Ähnlichem. Die optische Anmutung des imitierten Natursteins sollte der allgemeinen Vorstellung folgen, die Farbgebung und die Art der Aderzeichnung sollten sich nach den Merkmalen des Marmors oder Kalksandsteins richten. Die Gesteinsimitation mit Lasuren und Spachtelungen führt, wie die Freskenmalerei und andere kalk- und kalkkaseingebundene Maltechniken, zu einer strukturellen Verbindung mit den entsprechenden mineralischen Untergründen. Auf den Kunststoffuntergründen von heute haften derartige Gesteinsimitationen mithilfe von Haftvermittlern auf Acrylbasis mit mineralischen Quarzzusätzen. Marmor-, Granit- und Gesteinsflächen werden mit modernen Farben nachgeahmt, mit Lasuren und Spachtelmassen aus Acryl, Kunststoffdispersion und Kalk mit organischen Zusätzen.

Marmorimitation

Marmorimitation

Im Barock kam der Kunst der Marmormalerei eine wichtige Bedeutung zu. Stuckelemente wurden oft aus Holz, Gips und anderen zum Teil mineralischen Untergründen gefertigt. Diese Werkstoffe waren wesentlich billiger zu beschaffen und verarbeiten als echter Marmor, sie erhielten durch die Kunst der Marmormaler ein vollkommen neues Aussehen. Gelungene Exemplare von Marmorimitationen lassen sich nur mit Mühe vom echten Gestein unterscheiden. Hauptmerkmal einer qualitätvollen Marmorierung ist die exakte Imitation der Steinstruktur mit ihren Brüchen, der Äderung und dem natürlichen Facettenspiel. Nicht nur die Zeichnung und die Farben, auch die perspektivische Darstellung muss harmonisch sein, damit sich der »Marmor« so gut wie möglich in einen Raum integriert. Glanz und Glätte steigern zudem die Qualität der Oberfläche.

Schritt für Schritt

Dekorative Marmorierung auf Silikatbasis

1. Nach dem Anpaden und Reinigen des Kunststoffuntergrundes den Malgrund auf Acrylbasis mit feinem Quarzanteil auftragen. Das Material wird stark verdünnt und mit einem Flachpinsel in willkürlichen Kreuzgängen aufgetragen.

2. Eine Grundlasur (Keim-Farbkonzentrate mit Spezialfixativ) mischen und mit einem Flächenstreicher in dünnen und wolkigen Schichten aufgetragen.
Tipp: **Mit einem weichen und trockenen Pinsel lassen sich die so entstandenen Strukturen noch vertreiben.**

3. Den zweiten Lasurauftrag in der gleichen Weise wie den ersten ausführen, jedoch zur Strukturierung der oxidfarbenen Lasur mit einem Borstenpinsel.
Tipp: **Die entstandenen Farbfelder partiell miteinander verbinden und vertreiben.**

4. Die einzelnen Felder werden nun mit einer weiteren, kräftigeren oxidfarbenen Lasur verbunden.
Tipp: **Bei diesem Arbeitsgang lassen sich mit einem Spitzpinsel oder Schlepper auch Einschlüsse einmalen.**

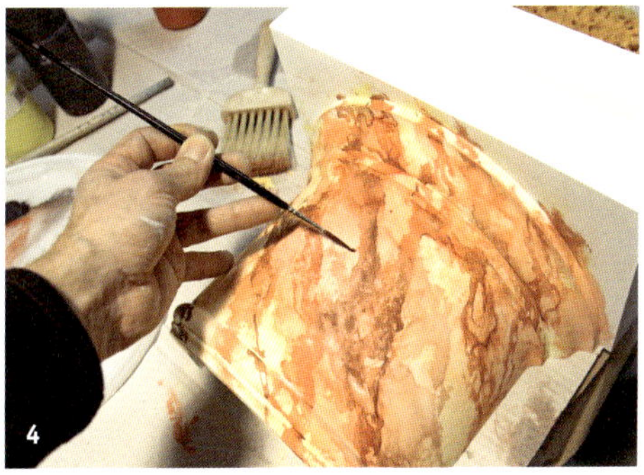

5. Der gesamte Untergrund wird mit einer hellen, sehr transparenten Lasur überzogen, damit die Flächen miteinander verbunden.
Tipp: **Nicht getrocknete Flächen mit einen Naturschwamm nachtupfen.**

6. Mit einem spitzen Künstlerpinsel feine weiße Adern einzeichnen und in eine Richtung vertreiben.

7. Als Finish dient farbloser Lack.
Tipp: Wasserverdünnbare PU-Lacke verwendet man nicht nur für die Fixierung der einzelnen Lasuraufträge, sondern auch für die farblos glänzende Oberflächenbeschichtung.

Stuckmarmor

Der Stuckmarmor des 17. und 18. Jahrhunderts galt als ästhetische Vervollkommnung der Stuckgestaltung; Kunstmarmor aus Stuckmasse oder Hartstuck (eine ungefärbte Variation) war auch in der Zeit des Klassizismus noch weit verbreitet. Für die Herstellung verwendete man Marmorgips, Haut- oder Hasenleim und in Leimwasser angeteigte Pigmente. In Pompeji fand man Reste von Wandflächengestaltungen, die unter dem Namen Stucco-Lustro bekannt geworden sind. Die Oberflächen, vollkommen glatt, farblich strukturiert und auf Hochglanz poliert, bestehen aus Kalk, einem seit Tausenden von Jahren bewährten Material, ökologisch absolut unbedenklich, atmungsaktiv, feuchtigkeitsresistent, schimmelhemmend und antibakteriell.

Heute verwendet man Spachtelmassen auf Kunststoffdispersions- oder Acrylbasis, die aber mit der traditionellen Glättetechnik nicht zu vergleichen sind. Nur kalkhaltige Werkstoffe entfalten den einzigartigen Marmorglanz und das Tiefenlicht, was auf den hohen Lichtbrechungsindex des Kalks zurückzuführen ist; mit Auftragsmaterialien aus Kunststoff kann dies nicht erreicht werden.

Granitstruktur

Granit ist ein Tiefengestein, gebildet aus flüssig glühender Schmelze des Erdinneren. Es besteht vorwiegend aus Feldspat, Quarz und Glimmer und ist relativ grobkörnig und kristallin. Variationen von Art und Menge der Bestandteile bedingen unterschiedliche Färbung und Struktur. Der optische Effekt der Imitation von Granit ergibt sich im Wesentlichen daraus, dass die unterschiedlichen Farbstrukturen mit einem Pinsel oder Schwamm auf einen Untergrund aufgetragen werden. Der dabei sich ergebende Sprenkeleffekt kann je nach Wunsch eine stärkere oder feinere Körnung haben. Der granierende Auftrag mit mehreren Farbtönen dient als Flächenstruktur und ist richtungsbetont für die Dekorationstechnik.

1

2

Schritt für Schritt

Granitimitation auf einer Mauernische

1. Nach dem Anpaden und Reinigen des Untergrundes eine im Grundton gefärbte Dispersionsfarbe auftragen.

2. Sobald der Grundanstrich getrocknet ist, den nachfolgenden Farbton mit einem Ringpinsel gleichmäßig stupfen.

3. Mit einem zweiten Sprenkelgang wird die Fläche gleichmäßig zu einer nicht geschlossenen Flächenstruktur graniert.

4. Die gesamte Oberfläche kann mit einem farblosen PU-Lack als Finish versiegelt werden.

3

Glättmarmor auf einem glatten Säulenschaft

Voraussetzung für Glättmarmor ist ein vollkommen glatter alkalischer Untergrund. Die Kalkspachtelmasse wird in drei bis fünf Lagen aufgetragen, scharf abgezogen und poliert. Mit venezianischen Seifen kann man sie anschließend zum Schutz noch überziehen. Diese Technik wendet man heute auf Wand- und Deckenflächen sowie auf glatten Stuckelementen an.

Stucco-Classico ist eine klassische Kalkpresstechnik für die dekorative Gestaltung, vergleichbar dem Stucco-Lustro. Nach dessen Vorbild ist Stucco-Classico auf der Bindemittelbasis von Sumpfkalk mit natürlichen Marmormehlen und Pigmenten angereichert. Um die Haftung auf Kunststoff zu gewährleisten, ist ein Spezialanstrich auf Acrylbasis Voraussetzung.

Schritt für Schritt

Glättmarmor

1. Nach dem Anpaden und Reinigen des Untergrundes einen Haftvermittler auf Acrylbasis mit feinem Quarzanteil, stark verdünnt, mit einem Flachpinsel in willkürlichen Kreuzgängen auftragen. Alternativ kann auch ein Voranstrich erfolgen (Stucco-Primo), der nach ca. 12 Stunden plangespachtelt wird (Stucco-Fondo) und dann eine ideale Grundlage für nachträgliche dekorative Spachtelung bietet.

2. Die Grundspachtelung mit einer rostfreien Stucco-Kelle vollflächig ohne Druck auftragen. Das Material darf nach dem Auftrag nicht verdichtet werden.

3. Ist die Grundspachtelung trocken, wird die Zwischenspachtelung im Kreuzgang aufgetragen. Die handwerkliche Technik dieser Spachtelung bestimmt maßgeblich das spätere Erscheinungsbild der Oberfläche. *Tipp*: Auch bei diesem Arbeitsgang das Material noch nicht verpressen beziehungsweise glätten.

4. Die Schlussspachtelung erfolgt nach abgeschlossener Trocknung mit einer reduzierten Menge an Material. Die Oberfläche wird anfangs mit geringerem Druck, später mit zunehmendem Druck verdichtet. Durch dieses Verpressen entsteht der typische Stucco-Glanz. *Tipp*: Mit der Japanspachtel lassen sich noch typische Gesteinsbrüche einspachteln.

5. Mit der Japanspachtel polieren, um den Tiefencharakter des Gesteins hervorzuheben.

6. Um die Farbtiefe zu intensivieren, kann eine Nachbehandlung mit Stucco-Sapone, einer natürlichen Seifenpaste, erfolgen.

Vergolden von Stuckelementen

Gold, geschlagen zu einer hauchdünnen Folie, wird schon seit der Antike für die Vergoldung von Bilderrahmen, Möbelstücken, Ornamenten, Friesen, Architekturelementen und anderem verwendet. Es verleiht seinem Untergrund ein goldgelb glänzendes Aussehen von hoher Wertigkeit und Beständigkeit. Gold kann bis zu einer Stärke von einem tausendstel Millimeter (Mikrometer) dünn geschlagen und in einzelne Blättchen geschnitten werden. Die hauchdünne Folie wird anschließend in kleine Heftchen eingelegt. Blattgold wird mit Mixtion (französisches Anlegeöl) auf Leinölbasis oder Mixtion auf organischer Basis (Anlegemilch auf Dispersionsbasis) auf dem Untergrund verklebt. Es gibt natürlich noch weitere Verklebetechniken und Verklebemittel für Blattgold, die je nach Zweck und gewünschter Wirkung ihren Einsatz finden.

Schritt für Schritt

Blattvergoldung mit Transfergold

1. Untergrund mit einem feinen Schleifvlies anpaden, reinigen. *Tipp*: Eine Grundbeschichtung mit einem glänzenden Lack erhöht den Glanzgrad, die Grundbeschichtung kann auch im Goldfarbton eingefärbt werden, um das Durchblitzen weißer Fehlstellen zu vermeiden.

2. Flächen, die nicht vergoldet werden sollen, mit einem dünnen Klebeband abdecken. *Tipp*: Tesafilm oder nicht durch Farbe und Klebstoff zu unterlaufende Spezialklebebänder sind sehr gut geeignet.

3. Mixtion (Anlegemilch auf Dispersionsbasis) auf die zu vergoldende Fläche streifenfrei auftragen. *Tipp*: Je gleichmäßiger und streifenfreier der Auftrag ist, desto besser ist die Vergoldung.

Mixtion nach Herstellerangaben trocknen lassen. Anlegemilchmixtion auf Dispersionsbasis ist bereits nach 15 Minuten so weit getrocknet, dass mit der Vergoldung begonnen werden kann.

4. Transfergoldblatt vorsichtig in die Klebefläche einlegen, nach der Anhaftung nicht mehr verrutschen und vorsichtig mit den Fingern abreiben.

5. Trägerpapier nach der Verklebung langsam entfernen. *Tipp*: Etwaige Fehlstellen können mit Goldresten nachträglich abdeckt werden.

6. Weiteres Blattgold etwas überlappend einlegen und befestigen.

7. Ist die gesamte Fläche vergoldet, wird das überschüssige Gold mit einem weichen Dachshaar- oder Fehhaarpinsel eingekehrt. *Tipp*: Nach guter Durchtrocknung der Vergoldung lässt sich mit Polierwatte ein höherer Glanzgrad erreichen.

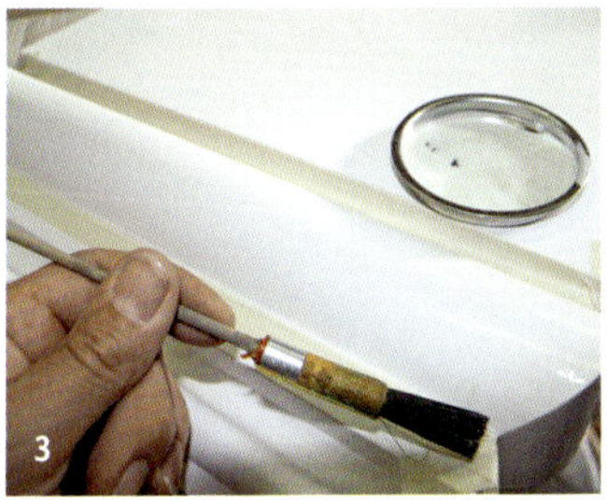

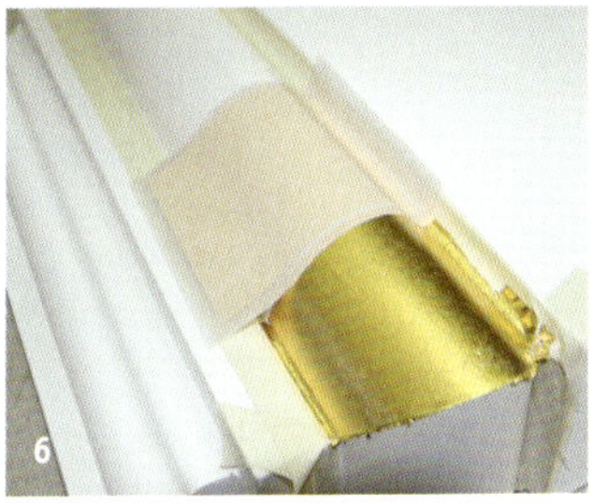

Vergoldung auf Kunststoff

Für die Vergoldung von Kunststoffuntergründen zu dekorativen Zwecken sind Mixtion auf Leinölbasis und Mixtion auf organischer Basis als Klebemittel am besten geeignet.

Als Ersatz für echtes Blattgold bieten sich auch Imitationen aus Messing (Kompositionsgold, Schlagmetall) an. Transfergold, auch Sturmgold genannt, nennt man auf Seidenpapier aufgebrachtes Blattgold, das für die Arbeit im Freien oder für die schnelle Vergoldung großer Flächen geeignet ist. Das Transfergold hat den Vorteil der schnellen und rationellen Verarbeitung, lässt sich jedoch nicht in vollem Maß polieren.

Anhang

Glossar der Architektur-Grundbegriffe,

die für die Gestaltung mit Stuckelementen von Bedeutung sind

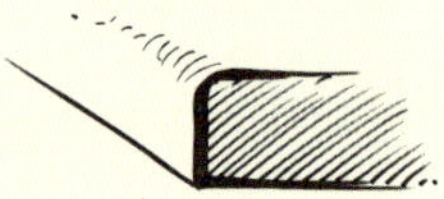

Abrundung
weicher Übergang zwischen zwei im Winkel zueinander stehenden Flächen.

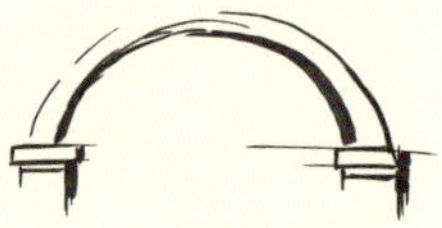

Arkade
Bogen, von Säulen oder Pfeilern getragen; er erlaubt größere Spannweiten als horizontal verlaufende Balken; Schlussstein im Mittelpunkt des Segmentbogens häufig dekorativ.

Arkatur
(Bogengang) offene Reihe von Arkaden auf Säulen oder Pfeilern.

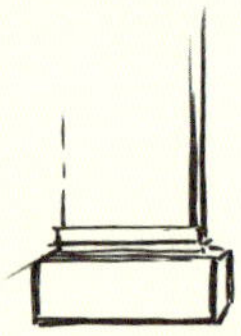

Basis
tragender Teil, Fuß einer Säule, eines Pfeilers oder Pilasters zwischen Fußplatte und Schaft der Säule.

Eierstab
klassisches, antikes Ornament, als Fries auf Profilen, Kapitellen oder anderen Bauteilen; daneben zum Beispiel Laufender Hund, Kugelfries, Mäanderfries, Akanthusfries, Zinnenfries, Perlstabfries.

Falz
entsteht durch Zurücksetzen einer Kante; er kann gleichschenkelig, ungleichschenkelig, sein; unterstochen ist ein Falz, wenn die beiden Falzflächen weniger als 90° zueinander geneigt sind.

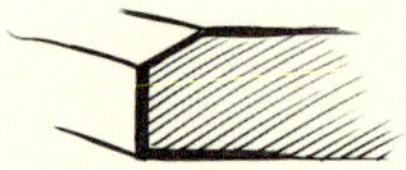

Fase
mehr oder weniger geneigte Abschrägung einer Profilierung.

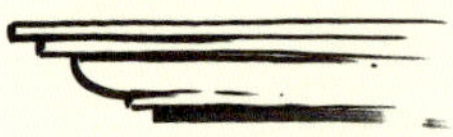

Gesims
aus der Mauerflucht vorkragendes waagerechtes Bauglied, unter Fenstern, über Türen oder als Gliederung einzelner Wandabschnitte verwendet; ähnlich wie Konsolen mit waagrechten (für den Außenbereich abgeschrägten) Abdeckflächen; auch als umlaufende Profile im Innen- und Außenbereich einsetzbar.

Hohlkehle

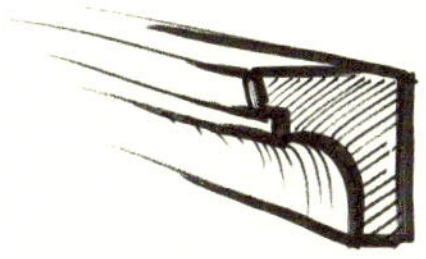

nach innen gekrümmtes Profil, wird stehend oder liegend verwendet; Unterarten sind die Halbkehle und die Einziehung, die Dreiviertelkehle oder »unterstochene« Hohlkehle, wenn sie mehr als einen Halbkreis bildet, und die »auslaufende« Hohlkehle, wenn sie in eine Platte übergeht.

Hohlrillen

parallele Anordnungen mehrerer Hohlkehlen mit dazwischen liegender schmaler Platte; es gibt sie mit geschweiftem und flachem Grund.

Kapitell

das Haupt einer Säule oder eines Pilasters, von unterschiedlicher Form und Ausschmückung. In der Profilgestaltung werden hauptsächlich das einfache gotische **Kelchkapitell**, das **toskanische Kapitell** und das **dorische Kapitell** verwendet; schmuckvoller sind das **korinthische Kapitell** mit Blattkelch aus sechzehn Akanthusblättern und Volutenpaaren im oberen Teil sowie das ionische mit paarweise angeordneten Voluten als oberem Abschluss zur profilierten Deckplatte (Abakus) und mit Eierstab zwischen den Voluten.

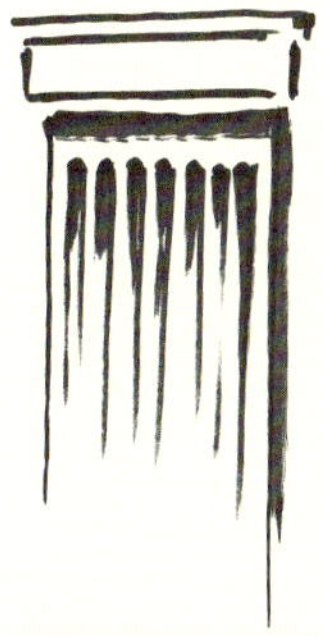

Kannelure

senkrechte konkave Rille im Säulen- und Pilasterschaft; dorische Kanneluren sind durch einen Grat, ionische und korinthische durch einen Steg voneinander getrennt.

Karnies

auch Glockenleiste genannt; im Querschnitt S-förmige Profilform aus Rundstab und Hohlkehle; liegt der wulstartige Teil oben, spricht man von stehendem (steigendem) Karnies, liegt er unten, spricht man von fallendem Karnies.

Kartusche

flächige Schmuckform mit Rahmung aus Bändern oder aufgerollten Blättern, floralen Ornamenten und Verzierungen; geeignet für die Bemalung mit Inschriften und Jahreszahlen.

Kassette

unterschiedlich großes, überwiegend rechteckiges oder quadratisches Feld, vertieft und mit einer erhöhten Profilierung eingefasst; früher vornehmlich zur Deckengestaltung (Kassettendecke), heute auch für die Gestaltung von Türen, Sockelflächen oder zur Wandgliederung verwendet; die Fläche zwischen den Profilen (Innenfläche) eignet sich für Malerei oder plastischen Dekor, etwa Rosetten.

Konsole

aus der Wand hervorkragender Tragestein für Dienste, Balken, Aufleger; auch dekoratives Element, um Figuren oder Statuen zu tragen; in unterschiedlichen Längen, Formen oder Dekoren.

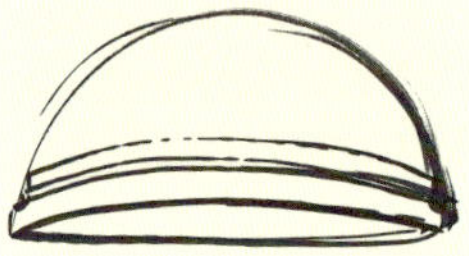

Kuppel

halbkugelförmige bis kugelabschnittförmige Gewölbeform, kreisrund, umrandet von einem kräftigen Profil, auch auf flache Decken ohne Ausschnitte zu montieren; als Schmuckform Alternative zur Rosette; Deckendome haben geringere Profilierung, aber stärkerer Wölbung.

Lisene

nur wenig aus der Mauer vortretender, senkrechter Wandstreifen zur Gliederung von Flächen.

Ornament

Verzierungsmotiv, in wiederholender Reihung verwendet, zum Beispiel floral (Efeuranke), bildhaft-stilisiert (Akanthusblatt) oder auch geometrisch-konstruktiv (Zahnschnitt).

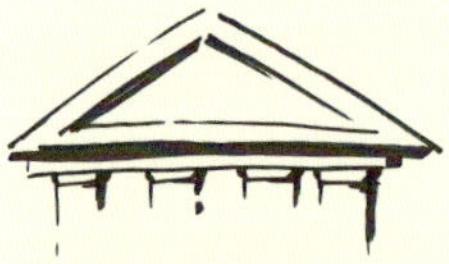

Pediment

Der Dreiecksgiebel wird in der klassischen antiken Architektur als Pediment bezeichnet und liegt eigentlich auf einem horizontalen Gesims auf. Es schmückt hauptsächlich Eingangsportale oder auch Fenster. Das Pediment kann aber auch auf Pilaster aufliegen.

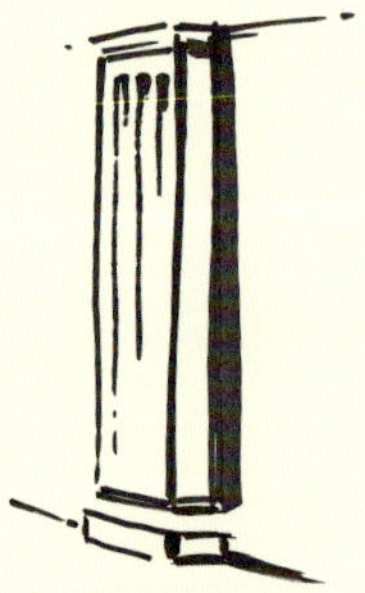

Pilaster

reliefartig aus der Wand hervortretender, flacher Pfeiler, zur Wandverstärkung und Wandgliederung; Gliederung in Basis mit Sockel, Schaft und Kapitell wie an Säulen (im Gegensatz zur ungegliederten Lisene).

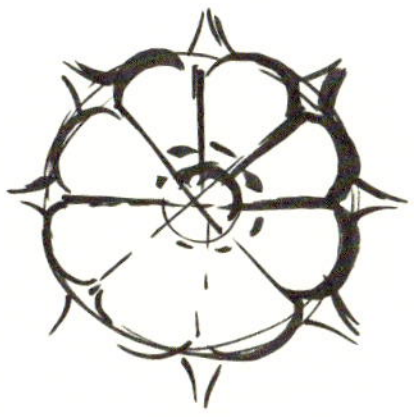

Rosette
der Blütenform nachempfundenes Ornamentmotiv in unterschiedlichen Formen und Größen, meistens auf Deckenflächen, häufig Mittelpunkt eines Raums.

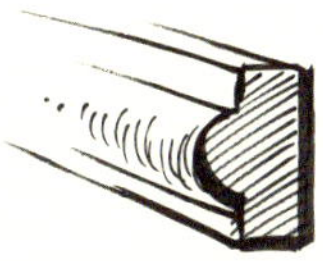

Rundstab
Zierstab, vorkommend als Viertelstab stehend (stehender Wulst) oder liegend (liegender Wulst), als Halbrundstab, gedrückter Rundstab (Pfühl), Dreiviertelstab oder als freistehender Rundstab.

Säulenschaft
ist das Mittelstück der Säule, Abschnitt zwischen Basis und Kapitell, im Grundriss fast immer kreisrund; geradlinig oder nach oben sich verjüngend; Verzierungsformen: glatt oder kanneliert, verschlungen, gedreht, geknotet und andere mehr.

Segmentbogen
Bogenform in Gestalt eines Kreisabschnitts, auch Flach- oder Stichbogen genannt, mit einem Winkel unter 180 Grad kleiner beziehungsweise flacher als ein Halbkreisbogen; überspannt als Bestandteil des Mauerwerks Tore, Türen und Öffnungen.

Stabrillen
kleine Rundstäbe in Wiederholung, im Verhältnis zur umgebenden Fläche konkav oder konvex.

Vorsprung
waagrechte, rechtwinklige Verbreiterung oder Verlängerung einer gliedernden Form an Bauteilen.

Zahnschnitt
geometrischer Ornamentfries auf Profilen, Aufsätzen oder Konsolen.

Register

Dank

»Moderne Stuckelemente« entstand im Jahr 2007 mit der Unterstützung eines hervorragenden Teams, ohne dessen Einsatz und ohne die unterschiedlichen Sichtweisen seiner Mitglieder das Buch nicht hätte entstehen können. Mein ganz besonderer Dank geht an Susanne, Phyllis und Julian Sommer, die mir den nötigen Freiraum und stete Hilfe bei der Arbeit am Buch gegeben haben. Zudem danke ich Andrea Bartelt-Gering und Carla Freudenreich von der DVA, vor allem aber den »Teammitgliedern«, deren produktive und kreative Mitarbeit in das Buch eingegangen ist:

Stefan Schurr
Maler- und Lackierermeister
Attenbergstraße 22
83730 Fischbachau
Tel. (08025) 6978
E-Mail: stefan.schurr@web.de
Website: www.schurr-design.de

Franz Lantenhammer
Kommunikationsdesigner
Camerloherstraße 66
80689 München

John-Vere Hodge
Gemälde-Restaurator und Kunstmaler
Beislerstraße 12 a
82194 Gröbenzell
Tel. (08142) 6503819

Georg Wagner
Kirchenmalermeister
Plöckensteinstraße 5
84144 Geisenhausen

Reinhard Bentlage
Elektroinstallationen

Matthias List
Experte des Deutschen Malerhandwerks
Viktoriastraße 32
80803 München
E-Mail: m.list@farbezeigen.de
Website: www.farbezeigen.de

Takashi Nakajima Sensei, München
先生からいただいた「気」の力の
大きさに心から感謝しつつ。

Johannes Klinger
Hochstätt 9
83253 Rimsting am Chiemsee
Tel. (08054) 7898
Website: www.innovative-wandmalerei.info

Thomas Dittmar
Webdesign
Weisham 19
83125 Eggstätt
Tel. (08056) 902513
E-Mail: thomas@wtp.de

Monika Baumgartner, Waltraud Wäscher
Hermanas Innendekoration
Kazmairstraße 75
80339 München
Tel. (089) 54072997
E-Mail: info@hermanas.de
Website: www.hermanas.de

George Meister
Fotograf
Anglerstraße 14
80339 München
Tel. (089) 54071677
E-Mail: george.meister@gmx.de

Michael Bablick
Fachschule für Farbe und Gestaltung München

Stefan Schedlbauer
Maler- und Lackierermeister
Lujo-Brentano-Straße 2a
83209 Prien am Chiemsee
E-Mail: info@malereibetrieb-schedlbauer.de
Website: www. malereibetrieb-schedlbauer.de

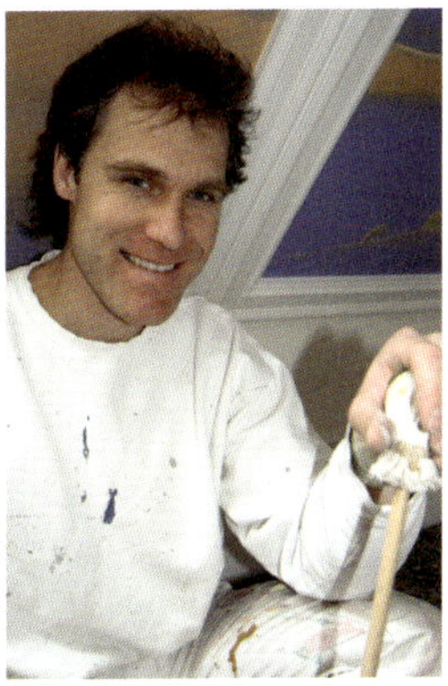

Das Team

Franz Lantenhammer

Stefan Schnurr

Andreas Maier

Ganz besonders möchte ich mich für die technische Unterstützung und die großzügige Bereitstellung von Materialien bei folgenden Unternehmen bedanken:

ORAC Decor
Biekorfstraat 32
8400 Oostende
Belgien
Tel. + 32 (0) 59-803252
Website: www.oracdecor.com

KEIMFARBEN GmbH & Co. KG
Keimstraße 16
86420 Diedorf
Tel. (0821) 48002-0
Website: www.keimfarben.de

Henkel Deutschland
E-Mail: Henkel-Malerhotline@henkel.com
Website: www.Henkel-Malerwerkstoffe.de

Wertvolle Unterstützung und auch Bildmaterial erhielten wir von:

DECOREGINA B.V.B.A.
Myriam Gevaert
Marcus Van Vaernewijckstraat 17
9030 Mariakerke
Tel. + 32 (0)92458270
E-Mail: myriam.gevaert@gmail.com
Website: www.myriamgevaert.be

HOUSE OF PORTERS
Interior Decoration- a way of living
Kipdorpvest 44
2000 Antwerp
Tel. + 32 (0)32133575
E-Mail: info@houseofporters.com
Website: www.houseofporters.com

Der Autor

Andreas Maier
Stuck & Gestaltung »Harmonie in Form und Farbe«
Grabenfleckstraße 5
81249 München
Tel. (089) 89026967
E-Mail: andimaier@mac.com
Website: www.stuckprofilgestaltung.de

Literaturhinweis

Jonathan Glancey: *Architektur. Bauwerke, Geschichte, Stile. Kompakt & Visuell.* Dorling Kindersley: München 2007

Siegfried Federl (Hg.): *Malerlexikon.* Callwey: München 2007

Bildnachweis

Phyllis Sommer, München
109 Mitte rechts
Myriam Gevaert, Mariakerke, Belgien
32/33, 34, 36/37, 45, 47, 73, 79
Orac Decor, Oostende, Belgien
10, 11, 14, 15, 16, 18, 29, 30, 31, 35, 77, 78, 79, 85, 88, 89, 96, 103, 104 oben, 106 oben, 107 oben, 113, 120 sowie Umschlagvorderseite oben
John Vere-Hodge, Gröbenzell
109 oben
House of Porters, Antwerpen, Belgien
64, 75, 82, 83, 84, 88, 89
Johannes Klinger, Bildmaterial Europapark Rust
92 oben
Alle anderen Bildvorlagen stammen von Andreas Maier mit Team, München